花园时光 TIME GARDEN

玫瑰花园 1

韬祺文化 主编

中国水利水电出版社

《花园时光》是中国本土第一份面向园艺发烧友的时尚园艺Mook。

该书属于《花园时光》系列的玫瑰专辑，面向玫瑰、月季发烧友，从方方面面介绍玫瑰和月季。有玫瑰和月季主题的私家花园介绍，世界知名的月季庄园，还将参观著名欧洲月季"奥斯汀月季"的家乡……还有很多玫瑰、月季的新玩法，月季新品、名品介绍，以及阳台、庭院种植月季的方法、技巧等，是一个关于玫瑰和月季的全读本。

电　话：010-65422718
微信号：GardonTime2012
微　博：花园时光gardentime
博　客：blog.sina.com.cn/u/2781278205
邮　箱：huayuanshiguang@163.com

中国水利水电出版社
天猫商城

中国水利水电出版社
微信公众号

花园时光 TIME GARDEN

总 策 划　韬祺文化
主　　编　韬祺文化
执行主编　赵芳儿
编　　辑　赵芳儿　Helen
撰　　稿及图片提供
赵伶俐　燕子　黄烨　虹越园艺　刘常春
张凤仪　张晨　多多花园　袁永正　孟庆海
玛格丽特
封面图片　燕子和她的花园

图书在版编目（CIP）数据

花园时光. 玫瑰花园. 1 / 韬祺文化主编. -- 北京：中国水利水电出版社，2016.4
ISBN 978-7-5170-4267-9
Ⅰ. ①花… Ⅱ. ①韬… Ⅲ. ①花卉－观赏园艺 Ⅳ. ①S68
中国版本图书馆CIP数据核字(2016)第078937号

责任编辑　杨庆川
加工编辑　董梦歌
封面设计　新锐意设计工作室

书　　名　花园时光（玫瑰花园1）
作　　者　韬祺文化 主编
出版发行　中国水利水电出版社
（北京市海淀区玉渊潭南路1号D座　100038）
网址：www.waterpub.com.cn
E-mail：mchannel@263.net（万水）
sales@waterpub.com.cn
电话：（010）68367658（发行部）
82562819（万水）
经　　售　北京科水图书销售中心（零售）
电话：（010）88383994、63202643、68545874
全国各地新华书店和相关出版物销售网点
排　　版　新锐意设计工作室
印　　刷　北京市雅迪彩色印刷有限公司
规　　格　210mm × 260mm　16开本　6.5印张　156千字
版　　次　2016年4月第1版　2016年4月第1次印刷
印　　数　0001～6000册
定　　价　49.90元

Editor's Letter

卷首语

浪漫的Rose

Rose，我们通常翻译为玫瑰，在中国，它们其实是三姐妹，玫瑰、月季、蔷薇。

世界上没有哪一种花能像Rose那样，被人们赋予如此多的内涵；也没有哪一种花像它那样，背后关联着成千上万的故事和传说。

在希腊，爱神用自己的鲜血染红了Rose，所以它是爱的化身；

在保加利亚，它象征着人民勤劳、智慧和酷爱大自然的精神，而遍身芒刺则是人民英勇不屈与坚韧不拔的化身；

在埃及，美艳的埃及女王克娄巴特拉借助玫瑰花瓣神奇的力量征服了多疑的罗马统帅马库斯；

在印度，它是太阳神的妻子，是幸福的女神；

在美国，它是爱情、和平、友谊、勇气和献身精神的化身；

而中国则是它的故乡，与它相关诗词歌赋巨如烟海；

……

似乎，世界上大多数的国家，都有自己独特的Rose文化。很多国家专门以Rose为主题，建立美轮美奂的花园。比如，法国的杜瓦勒德马恩（du val-de-Marne）Rose专类园，日本岐阜花节纪念公园，德国桑格豪森欧洲月季专类园……

美丽又浪漫，拥有一个Rose主题的私家花园，便是成为众多花友的梦想。

如今，Rose家族经过几千年的发展和演变，越来越壮大，它们的色彩更丰富、形态更多姿、香味更怡人。它能将花友们的Rose梦想，装饰得更加丰富和立体。因此，从海外到国内，越来越多的Rose花园从一个个曾经的梦想，变成了一座座实体的花园。

本辑《花园时光》，我们将带您了解Rose，走进Rose主题花园，将为您介绍Rose家族中最新最美的成员……

梦想照进现实，现在出发吧！

韬祺文化

2016年3月

DAVID AUSTIN ROSES

花园时光 TIME GARDEN

CONTENTS

玫瑰花园 1

这辈子，和玫瑰有个约定

——走进威海燕子的玫瑰花园

赵芳儿 | Interview & Text
燕子 | Photo provited

收到燕子发来图片是在一个午后，饭后有些犯困正准备打个盹，点开显示已经接收成功的文件，我便立马像打了鸡血般困意全消——这真的是一个名符其实的玫瑰花园。因为如今花友已经习惯了将月季统称为玫瑰，花友们说的玫瑰花园，我通通都会认为是月季花园。而燕子的花园里，种的大部分都是真正的玫瑰。

坐标：威海

花园主人：燕子

面积：30平方米

外加公共绿地一片

花园特色：真正的玫瑰花园

其实，对燕子的花园并不陌生，朋友圈里、微博上，隔三差五的就有花友晒燕子的花园。但我对它的了解也仅仅停留在“位于威海”、“院子不大”、“很多月季”、“参观的人很多”……这些最基本的感性认识层面。若非《花园时光》这一辑的“玫瑰花园专辑”，我恐怕还要错过这个花园更久。

燕子告诉我，花园里有50多棵大花月季、10多棵藤本月季、100多棵玫瑰、2棵木香，还有竹子一片、百合数百棵、草花无数……花园的地盘实在不够，旁边的公共绿地也成了玫瑰的地盘。我终于认识到这个花园的与众不同之处，它的背后，该有一位多么兰心蕙质的主人。

这颗“兰心”源于小时候姥姥家朴实又温馨的院子，以及妈妈在面临困境时的生活态度。“就是一个普普通通的院子，那时也根本没有去规划一定要种些什么，但里面却有蔬菜、有无花果，还有我从邻居家要来的不知名的花儿。当时根本没有意识到，那就是我现在的花园情结之源。”燕子说。

所以当有一天，拥有了现在这套面朝大海的房子，从小就开始滋长的花园情结得以实现。于是淘宝上买买买，花园里种种种，空闲的时间都用来翻地、施肥、浇水、修剪……尽管花园的面积才30平方米，尽管最宽的地方还不足5米，但是也不妨碍实现梦想的脚步。

“说实话，我并没有感受种花带给我多少生活上切切实实的变化，但是它们带给我很多的感悟却是真的。心思单纯的人是最适合种花的，因为与人相比，花是单纯的、客观的，你对它付出多少，它一定会回馈于你。”燕子说。

触及心灵的变化，才是真正的变化！

年迈的母亲大清早拎着花篮去采摘玫瑰花瓣了，她要做今年的头茬玫瑰花酱，因为头茬花最好，花蕾饱满，花朵大，关键是没有虫害，到6月就该有蚜虫了；

同事桌上插着她从自家花园里采来的百合和玫瑰，办公室里都是自家花园的芬芳；

结缘的朋友发来短信说收到了她寄的玫瑰花酱、闻着花酱的清香仿佛看到了她那双散发着玫瑰香味的手……

还有什么比这些琐碎的瞬间更让人觉得幸福的呢？

01 | 02
03 04

01、02　燕子玫瑰花园的外观，藤本月季爬到墙上形成花墙，玫瑰长得太欢，院子里已经盛不下，纷纷把头探出栅栏外。

03　花园旁边的公共绿地也被种上了玫瑰，100多棵玫瑰，将这里变成了真正的玫瑰园。

04　藤本月季爬到了二层，邻居推开窗，便能闻到花的芳香。

玫瑰背后的故事

其实我自己的院子并不大，大部分玫瑰都是种在周围的绿地上。我的房子在一层，三面绿地，外围有条小路。小区住户集中装修的那段时间，工人们都不走小路，抄近道穿行绿地，草都踩没了，更让我抓狂的是，他们围着我的屋子大小便，就在我的窗前。于是便开始想办法，沿着那条他们踩出来的小路种过三十棵月季，但不管用，又种竹子，但是没等竹子返过神来，绿地又踩出另一条新路。

后来脑海里突然一亮：种玫瑰呀！那浑身的刺儿，那壮实的杆子，我种上一排，不就挡住了？于是，赶紧求助亲戚跟邻居要了二十棵，这下真的起了作用，再没有进来贡献肥料的啦！但是我还是觉得私密性太差，这时听说有一个玫瑰园的经营者要把地转让，玫瑰要被毁掉改种玉米，我赶紧找车找工人奔过去，收拾了一车回来。就这样，近百棵玫瑰就在这块绿地安家了，从此再也没人在里面穿行了。

每年五月中下旬，玫瑰开始进入盛花期，花团锦簇，空气中飘着香气，行人走过，都会不由得说这么香啊！从来不知道真正的玫瑰这么漂亮，就算是风雨将花瓣打落一地，都不舍得扫，花园不久后就成了小伙伴们的拍摄基地了。

01 | 02 03

01 花园每年都会吸引无数爱花的朋友去参观。

02 每年玫瑰花盛开的季节，也是做各种玫瑰美食的季节。

03 女儿和妈妈的花园时光。

玫瑰、月季种植经验

1. 选择藤本月季时，株高、花色、枝条软硬都要考虑，可以参考相关花友们的图片。比如对爬到多高没有感官认识，看看花友家的爬到多高、到了几楼，心中就有数了。

品种上更是不必纠结，新手先从大路品种下手，如果你是种在园子里，那么花35元就可以买到三年生或五年生的大苗，出效果也比较快。

如果需要爬墙，那就选择能窜高的，枝条相对硬点；如果爬围栏，枝条要软些，但不要太高，我把白色围栏上都种了‘大游行’，花色、枝条软度都合适，但是重要的一点忽视了，它的枝条太长，有两米多，夏天里张牙舞爪得没法控制，其实1米左右的栅栏用高灌木或矮藤本就可以了。

2. 玫瑰（Rosa rugosa）耐寒、耐贫瘠、抗干旱，基本上靠天吃饭，成株长成一大丛，比较占地方，有山居田园的朋友可考虑种植。我种的平阴丰花玫瑰一般采用嫁接的方法繁殖，扦插不容易成活。紫枝玫瑰春天花市上会有卖，15元左右一棵，平阴丰花和紫枝玫瑰淘宝上也都有售。

3. 蔷薇枝叶非常繁茂，长得疯爬得快，如果你有一个地方需短时间内爬满，可以考虑选一个好看的品种试试，我的院子里有4种蔷薇，都是从嫁接玫瑰的蔷薇砧木上发芽长出来的。

4. 北方藤本月季的种植最好在深秋和初春，特别是裸根。10月下旬种下去，冬天之前能长出新叶。春天种植的话，有时候苗还没缓过来，天就热了，成活率低。带钵小苗春夏秋种都可以，因为这种方式不容易伤根。

5. 藤本月季需要根据空间修剪，要用到高枝剪。我并没有刻意修形，只是将交叉重叠的去掉，让里面通风；窗前稍矮的藤本月季，需要控制它的高度，顺便整理成形；栅栏上，要根据开花节奏看着修剪。高枝剪很重要，跟梯子的作用不同，因为修剪的时候，你的视野要保证，高枝剪可以让视野变阔，不知道花友有没有体会，有时候爬上梯子不知道要剪的是哪一枝了。

其实，藤本月季的修剪并没有固定规则，可以根据自己的喜好来。我的‘马车’只有直立的空间让它向上，一个大枝开满花，象糖葫芦一样也很好看；‘光谱’向上没有空间了，正在我发愁的时候，发现它低垂下来又是另一种美。当然，如果你需要它从下面抽大枝，长成丛，那就另当别论了。不过剪残花，老的大枝去掉更新，这是很必要的。

打理花园，跟做别的事情一样，要认真又要随性，也要有平和的心态，静待花开。陪伴花儿成长跟培育孩子长大一样，不能施急肥，不能功利心，我不喜欢施速效肥，也不喜欢生长调节剂。打理花园的过程辛苦也快乐，最重要的也有自己心灵的成长。

01 美丽的月季花墙，成为小区的标志性景观，远远地就能看到。

02 在白色栅栏的映衬下，月季花儿更明媚鲜艳。

自己动手，来一顿芬芳玫瑰宴

赵芳儿 | Interview & Text
燕子 | Photo provided

每到玫瑰花开的季节，也是我和妈妈最繁忙的季节。要忙着到花园里采摘最新鲜的骨朵和花瓣，制作各种各样的玫瑰美食：玫瑰酱、玫瑰茶、玫瑰纯露……今天，就跟我们一起，亲手做一顿玫瑰宴。

玫瑰花卷

看起来比玫瑰包更美一些，这个也不难，网上搜下卷玫瑰花的方法。颜色嘛，我这个很复杂，是妈妈自己磨的红曲米。其实简单点可以用买的红曲粉，或者用紫薯，这样的话馅料玫瑰酱就不能放太多了，只能点一点。

玫瑰不仅花开美艳，香气馥郁，也是很好的食材，玫瑰花茶、玫瑰酱疏肝理气、活血化於，有一定的保健作用，玫瑰纯露更是内服外用呵护肌肤的佳品。玫瑰季里，燕子和妈妈会忙得团团转，采摘不同状态的玫瑰，凉晒玫瑰骨朵、制作玫瑰酱和玫瑰纯露。

1.玫瑰酱

新鲜玫瑰花瓣跟白糖、红糖、蜂蜜一起都能做酱。但是，几年实践下来，我最喜欢的玫瑰酱还是白糖做的。花瓣裹携着砂糖粒，被糅在一起，玫瑰的香气依然，色彩依旧。

制作方法：将新鲜的玫瑰花瓣和上面提到的各种糖一起捣碎，然后装瓶即可。根据需要，还可以控制发酵的程度。

玫瑰酱可以直接食用，也可以用它做原料，变出各种美妙的食物。

2.玫瑰包

这个最简单了，会做包子、馒头的花友都能做。用一小勺玫瑰酱当馅料，面皮用全麦，或者加了南瓜的白面都可以，可以做得小一点。作为早餐包，香香甜甜。

3.玫瑰茶

将玫瑰花骨朵晾干即可。于干燥晴朗的天，放在竹筐里摊平晾干。最好将其放在阴凉的地方，自然阴干，这样色泽比较好看。

4.玫瑰年糕

这个也非常好操作，面包机自带的年糕程序，准备好材料就可以下手了。当然，最核心的内容就是玫瑰酱了，非常美味。

5.玫瑰纯露

清晨，根据花瓣打开的程度，把微微绽开的新鲜花瓣采下来，用蒸馏水机蒸馏分离。因为精油分离不出来，它也留在纯露里，让纯露芳香四溢。

玫瑰蛋糕制作过程

1. 材料准备

（1）合适的鸡蛋，并将蛋清和蛋黄分开；

（2）两份白砂糖，一份加入蛋黄里面，一份加入蛋清里面；

（3）玫瑰花酱；

（4）牛奶；

（5）面粉；

（6）色拉油；

（7）柠檬

2. 将玫瑰花酱、鸡蛋黄和糖放在一起搅拌。

3. 搅拌均匀后再加入用牛奶、蛋清、柠檬汁等调和好的面粉。

4. 再充分搅拌，并加入新鲜的玫瑰花瓣，再继续搅拌均匀。

5. 将搅拌好的原料放入蛋糕模具，放入烤箱。

6. 40~50分钟后，香喷喷的玫瑰蛋糕就出炉了。

7. 做好的蛋糕成品。

01
02 03 4-1
4-2 05 06
07

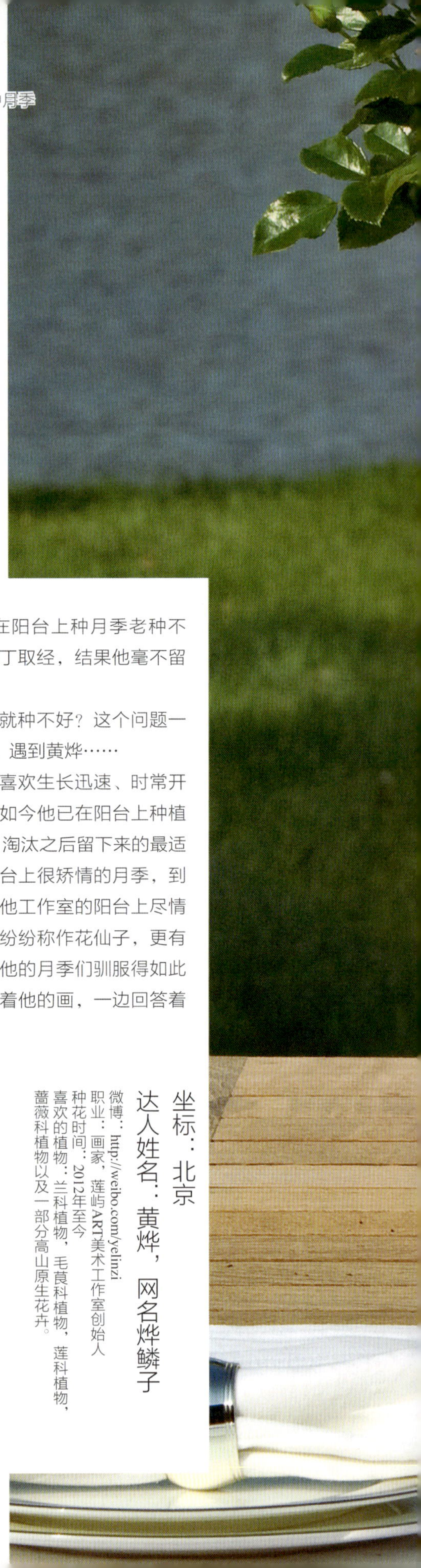

阳台上的月季也可以不『矫情』

——达人黄烨谈在阳台上种月季

赵芳儿 | Interview & Text
黄烨 虹越园艺 | Photo provited

“想在阳台上种好月季？拉倒吧！”在阳台上种月季老种不好，去跟一位在花圃种了几十年月季的老园丁取经，结果他毫不留情地给笔者这样泼冷水。

月季到底是什么脾性？为什么在阳台上就种不好？这个问题一直困扰着像我一样的月季发烧友。直到今天，遇到黄烨……

黄烨，职业画家，喜爱养鱼、种花，尤喜欢生长迅速、时常开花的植物，月季是他喜欢的花卉种类之一。如今他已在阳台上种植月季3年，他阳台上的月季大多是反复实践、淘汰之后留下来的最适合阳台表现的精华品种。大家一直认为在阳台上很矫情的月季，到他的手里，变得乖乖的，四季开花不断。在他工作室的阳台上尽情绽放。以至于他在朋友圈发花照都被朋友们纷纷称作花仙子，更有甚者叫他花千骨。他究竟有什么魔力，能把他的月季们驯服得如此服服帖帖？一个冬日的下午，烨子一边创作着他的画，一边回答着我的提问。

坐标：北京
达人姓名：黄烨，网名烨鳞子
微博：http://weibo.com/yelinzi
职业：画家，莲屿ART美术工作室创始人
种花时间：2012年至今
喜欢的植物：兰科植物，毛茛科植物，莲科植物，蔷薇科植物以及一部分高山原生花卉。

除了画画、养花、旅游也是黄烨的爱好之一。

Q：种植月季最理想的阳台类型是什么？

A：南向、开放式的阳台最理想。

种植月季最理想的阳台就是朝南、半封闭或不封闭。因为月季非常喜光，只有在光照强的条件下才能生长好，所以光线充足的南向阳台最为理想；除此之外，月季还要求通风也要好，否则容易多病虫害，所以阳台最好是半封闭或者不封闭。封闭的阳台也可以，但是一定要注意多开窗通风。我的工作室就是全封闭式阳台，除了冬天其他季节都开窗。

月季除了肥水以外最为重要的就是直射光和通风了，所以阳台的选择马虎不得哦。

Q：适合在阳台上种植的月季类型和品种有哪些？

A：株型矮、花量大的品种。

因为阳台空间相对狭小，不适宜种植体量很大的品种，因此我给大家推荐的都是株型较矮的，通过修剪可控制株型，而且花量多的品种。当然如果大家希望把其中一部分种成高个子我也不介意。

（1）‘朱丽叶’

这是本人极度推荐的品种，个子不高，短枝开花；花大，浅杏到奶黄色的渐变色，香味很淡，闻似薄荷和苹果；只要温度适宜，全年都能开花，但夏天花瓣相对少。极度推荐的就算是烂大街也值得种的好花。

‘朱丽叶’属于大卫·奥斯汀系列的月季品种。

（2）‘安部里奇’

茎秆可高可矮。花期没有‘朱丽叶’长，全年都能开花，而且每次花期都开得很好（夏天花瓣减少）；包心菜花型；花香浓郁，纯没药香，颜色浅杏色（也有黄色芽变品种）。

（3）‘金丝雀’

微型月季，为‘浪漫宝贝’的芽变品种，花黄色，包心菜花型，开花开到累死也要开。缺点是无香。

（4）‘甜蜜马车’

微型月季，全年都能开花，香味浓郁。春秋花色浓，夏天花色淡，花期形成一串串玲珑的小花球，特别可爱。

（5）‘暮光之城’

这是本人极度推荐的花。短枝开花，花期长，花型标准美丽，花瓣有波浪边，紫红色，香气特别好闻，抗病性也很好；温度越低颜色越深形成深紫色，相当有魅力；不足之处是刺太多，小苗时期生长缓慢，前期记得要养苗为主。

（6）‘佩尔朱克’

这也是本人极度推荐的花。株型矮；也是短枝开花，花大，花型似芍药，花期极长（就算夏天也能开一个多礼拜），花瓣极多，适合做切花。前期开花浅粉色，到了后期慢慢变白；不足是叶片卷不好打药，前期生长慢。

（7）‘波莱罗圆舞曲’

极度推荐的花。属于法国玫兰系列品种。花量大，白色，花奇香（一朵就能让

01	02	03
04		05
06	07	08

01 ‘安部里奇’

02 ‘朱丽叶’

03 ‘波莱罗圆舞曲’

04 ‘金丝雀’

05 ‘路西法’

06 ‘甜蜜马车’

07 ‘佩尔朱克’

08 ‘蜻蜓’

屋子里香气若隐若现）前中后期味道各有不同，后味充满了浓浓的荔枝香气。包心菜花型；气温低时，靠近花蕊的花瓣略带粉色。

（8）‘暗恋的心’

也叫蓝色风暴。花为蓝色，属于蓝色月季里抗性好的品种。花型为包心菜型，花量大，温度低时花色呈现蓝紫色。很多人都喜欢的一款，确实很经典。

（9）‘温柔珊瑚心’

极度推荐。该品种具备‘朱丽叶’的所有优点，是“阳台月季族”的必备品种。花有渐变色，温度低时开得尤为鲜艳（它有一系列芽变品种，花型都一样，颜色不同）。

（10）‘蜻蜓’

极度推荐。花大，有波浪卷边，花瓣非常多，藕荷色，花非常香。也是前期生长慢的品种，但是到了开花的时候惊艳无比，美丽异常。我个人特别喜欢。

（11）‘加百利’

日本引进品种，属于日本河本纯子培育的天堂系列月季。花朵莲花型，花瓣有波浪卷边，花色从外到里呈现白色向灰色的渐变。花奇香，很特别，似水果与甜点的混合香味。前期生长慢，后期正常。初级选手慎重选择。

（12）‘路西法’

花蓝色，比加百利要蓝很多，花瓣波浪边，香味与‘加百利’不分伯仲。但是

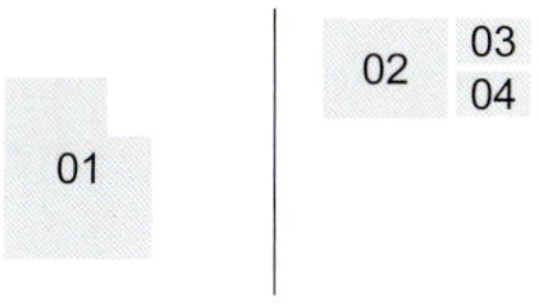

比较难栽培，而且修剪不能太多，新手种植可能有一定的难度，要慎重。

（13）‘威士利2004’

该品种花瓣多，颜色为西瓜红；但枝条较细软，不过花瓣多，花型也很美，抗性较差一点。

（14）‘真心’

粉色小包心菜花型，开花特别勤，花瓣心形，香气偏苦。抗性稍差，但是种植效果好。

Q：阳台种月季如何选择花盆？

A：种植月季陶盆最好。

选陶盆为的是根部透气。但是花盆不是最重要的，其他盆也可以，土壤最重要。我基本都是塑料加仑盆种植，不影响。

Q：种月季的土怎样配置？

A：颗粒感较强、疏松通气。

只有养好了根系，月季才能生长好，才能开出又多又艳的花朵，因此土壤对于月季来说非常重要。栽培月季的土壤总的要求是疏松通气。我用的土颗粒感比较强，通气好，因为只有这样月季根系才会施展。但也有个缺点，就是保水性不好，所以要勤浇水。这里给大家推荐的是我跟群里的花友常说的“土豪土”（主要是因为介质都偏贵）的配方。

赤玉土：10%；腐叶土：30%；粗椰砖：20%；泥炭土：20%；松鳞：10%；彩虹石或者电气石：10%。

以上配方可根据实际情况酌情添加腐叶土和泥炭土的比例。

01 一株品相好的月季，是多种因素共同作用的结果。

02 ‘真心’

03 ‘暮光之城’

04 ‘温柔珊瑚心’

Q：阳台上施肥是个大难题吧？

A：因为在室内，肥料不能有异味这是基本条件。我常用的有奥绿颗粒缓释肥、豆饼、海藻等。市场上有些充分发酵的、包装好的鸡粪也可以选择。

施底肥时，肥料不要离根系太远。底肥应该和栽培介质拌匀撒在根系四周，但注意不要接触根系。底肥也不用太多，否则容易烧苗；但太少又不够营养。经过长期的实践，我发现，如果是一加仑的花盆，大概施用小半碗底肥，这个量比较合适月季的生长。另外，月季对氮肥、磷肥、钾肥的需求每个季节都不一样，底肥中这三种元素应该都要有。

除了施底肥之外，还要适当地追肥。追肥可以结合每次浇水来实现。例如液体肥料花多多，大可乐瓶1瓶盖的肥液兑上1瓶水，就很适宜。

总的来说月季口味比较重，但是室内盆栽一定要保证薄肥勤施，善用液肥。这样家中的月季才能光彩照人。

Q：月季换盆后如何养护？

A：上盆后不要放在阴处，一定放在有光照的位置。

如果是夏天，绝对不能强剪到没有叶片，夏天尽量保证叶片数量，才能安全度夏。

而且上盆的新介质和老介质要能匹配的上才行，如果介质匹配不上或者相差太多，花就容易死。切记当年的月季苗不要拿到户外过冬。

Q：如何修剪呢？

A：修剪主要分为以下几种方式：一是**花后修剪**，即每次开花后，将开过花的枝条从花朵向下2个芽点处剪掉（也分品种或者株型，不能一概而论）；二是**冬季修剪**，应该在叶子全部掉落后进行，分品种和来年希望有的株型修剪枝条；三是**摘心抹顶芽**，月季在养苗阶段，比如只有两根枝条的时候，不要让它开花，应该摘心，或抹掉顶端的芽（毕竟是顶端优势的花卉），刺激茎秆底部的芽萌发，增加月季的枝条，这样株型才会丰满，枝条一多花量也就自然上去了，这样大家就可以看到一丛花开的效果，想想是不是分外期待呢？

Q：浇水也有将就吧？

A：水我一直用养鱼的水加上些许肥液。

如果用的是我上面推荐的配方介质，在温度比较高时，可以2~3天浇一次水；温度低时，可以4~5天浇一次。注意不要等盆土干透了再浇水，浇水少容易出现盲芽。浇水的学问要根据花盆大小和介质的性质来作调整。

Q：病虫害该怎么防？

A：月季的病虫害主要是红蜘蛛和白粉病。这里给大家介绍一种非常实用又环保的防治方法。这个方法是在我对于喷药忍无可忍的情况下意外发现的——就是**用花洒喷**，将花洒调整至冲击力很强的状态，然后喷月季叶片的正面和反面，每周

1~2次，这样病原、虫体都会被冲走，很少感染病虫害。白粉病的预防可以使用腈菌唑，代森锌。但是预防病虫害最为有效的还是要记得通风透气，要让叶片之间空气流通顺畅才是上策。

另外，还要及时清除盆土上面的黄叶、落叶，因为它们都有可能是感染病虫害的要素。最好将靠近盆面枝干上的叶子也清除，减少从盆土感染病菌的机会。

月季的根部也容易滋生病菌，可用波尔多液来杀菌，每个月浇灌1次能保证根系不出大问题。

Q：你是怎样繁殖月季的？

A：“水插法”最有效，这是经过多次实践得出的结论。

遇到好的月季品种，我经常会自己繁殖，送给喜欢月季的朋友。曾经尝试过多种方法，但发现“水插”最有效。

选插条：那些开过花的，要被修剪掉的枝条，就是最好的插条。因为这些枝条刚开过花，富含营养，非常有利于生根。枝条上最好有2~3个芽点。

选容器：一定要选择不透明的容器，底部黑暗的环境有利于生根。

具体做法：将容器装满水，把枝条泡在水里，必须让叶片和枝条都能晒到阳光，而入水部位不能照到阳光。每2天换一次水，温度较高时，一般15天就可以生根。

这种方式还适合自己买来觉得好看的切花。先将枝条剪短留1~2芽点，然后把枝条下部泡在水里，也记得入水部分遮光，但叶片和枝条要有太阳直射，然后加1~2滴酒精和水溶肥料，目的是等各个芽点都萌发出新枝条，再将新枝条剪下来，再重复以上的方法继续水插基本就能成活。这个秘密一般人我是不透露的哦。

02

01

01　‘威力士2004’

02　枝矮、花多的盆栽月季最适合阳台种植。

树状月季
——月季界的新宠

刘常春 | Text
虹越花卉　赵芳儿 | Photo provited

树状月季绝对是可大可小，是既上得厅堂，又下得厨房的百变星君。让它们在你们世界里安家，绝对是件拉风的事儿。

虹越花卉简介

浙江虹越花卉有限公司是一家集花卉种苗、草坪草皮、球根花卉、容器苗木、温室花卉、园艺资材产品、研发、生产推广为一体的综合性园艺企业。公司以“播种绿色，繁育花彩”为宗旨，其花卉营销网络和服务网络遍布全国。2010年，公司正式推出家庭园艺品牌“虹越·园艺家”，现已建成全国最大的花园中心连锁发展体系。

奥斯汀系列月季‘番红花玫瑰’嫁接而成的“月季树”，株型丰满，花团锦簇。

01	02
03	04

“月季树”又叫“树状月季”，是一种通过嫁接手法而形成的新的月季欣赏形式。欧洲树状月季最早流行于维多利亚时代，它是玫瑰园中高贵、典雅的象征。通常，人们是将大花类的月季嫁接于培养好的，有一定高度的蔷薇砧木上，砧木高度普遍在100~120厘米。也有人将微型月季、丰花月季等月季品种用来嫁接，砧木高度一般在60~80厘米。更有趣的是如果嫁接藤本月季的话就有可能培养出瀑布型的树状月季，开满花朵的枝条如杨柳依依随风飘荡，令人耳目一新。

最近十几年以来，我国南北方许多城市盛行月季树之风，大有愈吹愈狂之势。花开时节那满树的鲜红色花朵绽放得像天边的红霞那样绚烂，而金黄色花朵则像美丽的少女娇羞可爱，引得人们驻足拍照观赏。

相比普通月季，月季树主要有以下几大特点。

1. 属高端月季产品，具有较高的观赏性和经济价值。

2. 为园林设计应用及城市美化增加了新的花卉应用种类。

3. 病虫害较少。

4. 适用范围较广。

无论采用何种方法使月季变成“树”，均不是人们想象的那样简单，中间要经历砧木品种与粗细的选择、接芽（即月季品种的选择）、嫁接、萌蘖剪除、水肥管理、病虫害防治、整形或造型等许多技术环节。除此之外，还要时间的等待，一般一株月季树冠初步形成大约需要1~2年时间，如果想有大树冠且大部分骨干枝强健粗壮的话，则需要更长年份。

通常，树状月季可以通过以下三种方式来培育。

1. 独干顶端芽接形成月季树

用粗壮的无刺蔷薇、粉团蔷薇、花旗藤及紫花蔷薇等砧木的独干，高度依实际需要而定。当顶芽均匀地长出侧分支，即可在侧分枝斜面向阳处嫁接亲和性强的、多季开花的月季接芽。

2. 自根株通过整形形成月季树

在地栽月季中选中根生、枝粗壮的植株，剪除所有相对较细的根生枝，只保留其中最为粗壮直顺的1根（最低标准为茎粗2厘米，高度最低为50厘米）。枝条顶端如果没有侧分枝应剪除嫩枝，以刺激腋芽迅速长出，最终顶端形成匀称的树冠，即成月季树。

3. 多干编捆一起形成月季树。

采用直径1厘米或近1厘米的3~4根蔷薇砧木将其交错编捆在一起，然后在其顶端侧分枝斜面向阳处嫁接。

因为树状月季可高可矮，所以适合种植的方式也是多种多样，既可以盆栽，也可以地栽。既可在小空间种植小株型的品种，也可以于庭院中种植大株型的品种。树状月季就如同突然从月季界出现的一个精灵，将月季的应用变得更加活泼而新颖，又不失自己与生带来的一种高贵气质！再者，同一株树状月季上嫁接的月季品种可以是两种或者三种，所以在同一株上欣赏到不同月季花同时绽放也变为可能！

01 ‘夏洛特女郎’（Lady of Shalott）

02 ‘哈洛卡尔’（Harlow carr）

03 ‘约翰贝杰曼爵士’（Sir John Betjeman）

04 ‘黄金庆典’（Golden Celebration）

种植和管理树状月季相对需要较多的精力。下面是在养护树状月季中需要注意的几点。

1．树状月季需要修剪才能保证株形的美观，日常可将顶端的残花和冒出很长的枝条修剪掉，冬季需要将枝条缩剪，并且疏枝。

2．树状月季很容易受到大风的破坏，特别是当花量很大开满树冠时，很容易被风吹倒或被庞大的顶部树冠压弯主干，所以适当的外界支撑是很重要的。

3．请确保你种植树状月季的位置有足够的光照。同时也必须密切关注，在夏天，它容易因为烈日而被灼伤。

4．及时修剪残花可以保证植株下一波花的顺利开放，从而延长开花和欣赏的时间。同样，及时修剪残花还可以避免一些病虫害的发生，保证植株的健康。

5．夏季需要关注土壤水分情况，如果缺水需要及时补水，避免因缺水而导致植株死亡。

6．定期观察植株病虫害的情况，规律性使用杀菌药剂和杀虫药剂喷洒植株。

7．植株生长季，砧木上会不断长出砧木芽，需要及时清除。

8．普通月季冬季可耐 - 18℃，但是树状月季在 - 8℃的时候就要采取一定的防寒措施。可以对根部进行培土，并且，地上部分用稻草包裹进行保温越冬。也可以直接将树状月季挖出来，放进冷窖或是挖坑埋进去，来年开春再拿出来重新种植。

9．树状月季的花冠离地面要远一些，这样不容易感染土壤中的虫害。

01 02 | 03

01 上海上房“梦花源”内成排的月季树是园区最靓丽的风景之一。

02 树状月季与其他盆栽月季组成的露台小景观。

03 用‘番红花玫瑰’嫁接的树状月季。

月季整形修剪口诀图说

张风仪 张晨 | Text & Photo provited

要想种出好看的月季，除了正常浇水、施肥、防病虫害外，修剪更是异常关键。正确适宜的修剪不仅能让月季健康生长，还能让它按照你的指挥，长成你心目中理想的样子。

图文选自《月季栽培口诀与图说》一书。

独干月季修剪

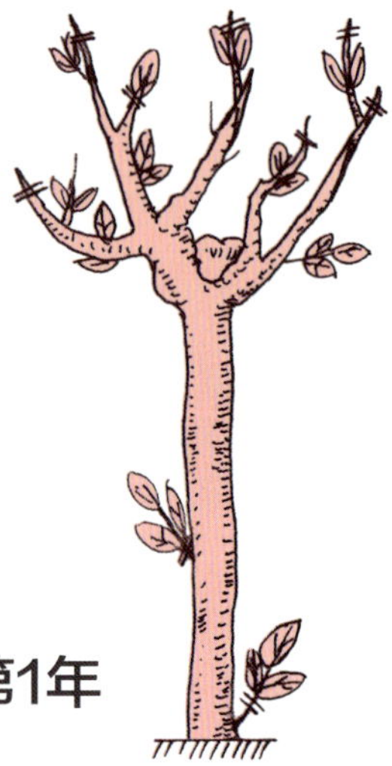

第1年

独干月季呈树状，房门两侧对称栽。当年定主干，高留一米饱芽剪。剪口下留三五芽，其余枝条全剪掉。

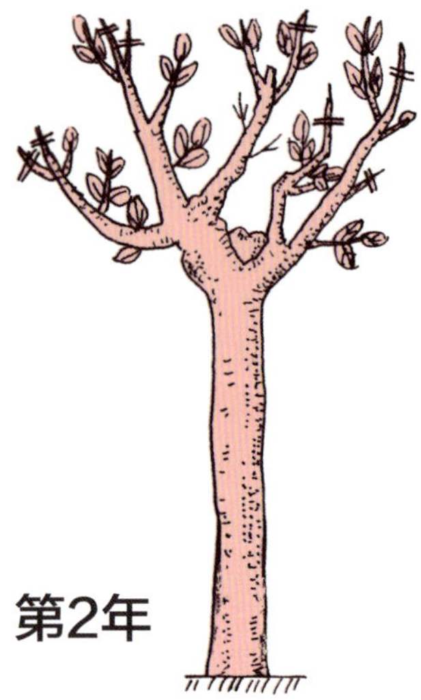

第2年

上年剪留一米高，三五饱芽长成枝，夏季主枝要摘心，促其增粗生长壮。下部枝条全剪除，形成独干冠状形。

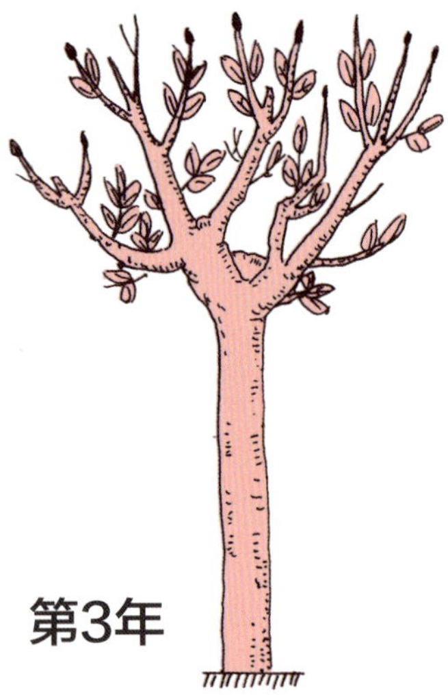

第3年

独干修剪第三年，主干选留三主枝，主枝再留两侧枝。侧枝左右错开留。主枝长五十厘米，侧枝上留花束枝。侧枝摘心成饱芽，饱芽下年形成花。

第4年

独干月季四年剪，中剪主枝延长头。剪留侧枝留外芽，两个侧枝错开留。一侧距主10厘米，二距一侧15厘米。夏季侧枝再摘心，促发生长花束枝。

藤蔓月季修剪

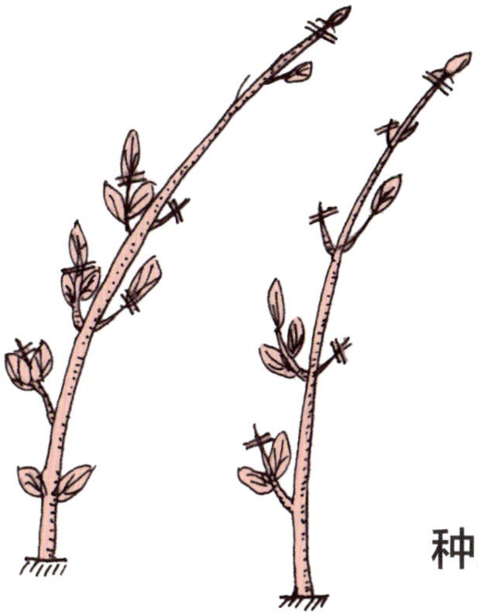

种类选择

爬蔓月季枝蔓长，选择种类很重要。优良品种十姊妹，枝长花繁攀援长。适宜制成花拱门，花期集中花繁盛。早春短剪主侧枝，夏季摘心花形成。

搭架牵引

藤蔓月季枝拱形，生长需要设支撑。要想整成拱形门，就要先搭拱形架。剪留饱芽延长头，牵引月季攀架生。主侧蔓枝都诞生，花枝缀满拱形门。

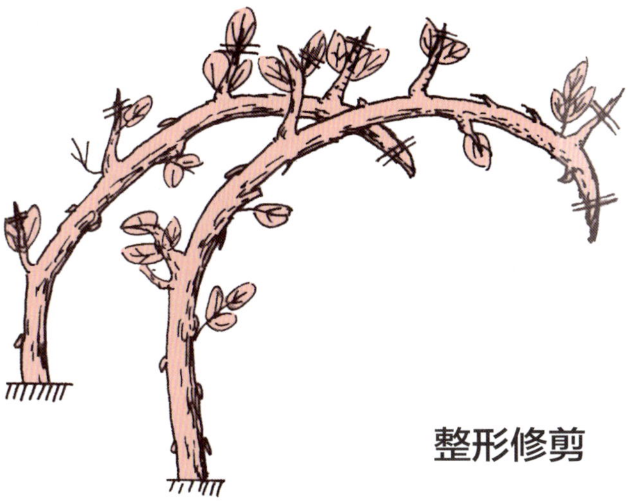

整形修剪

月季生长三四年，枝蔓已有两米长。花前要立拱形柱，植株依附立柱上。夏季修剪要摘心，促其主蔓攀援长。

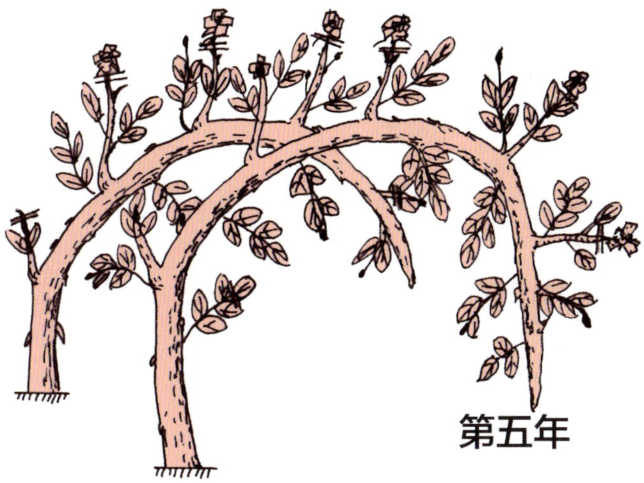

第五年

爬蔓月季长五年，两面对接拱合拢。春季轻剪延长头，夏剪摘心形成花。有的稔枝有扭梢，繁花烂漫拱形门。

盆栽月季整形修剪

第1年

盆栽月季多扦插，促其生长早抹芽。使其都往中心长，中心竞争多开花。冬剪多留饱满芽，促其下年早开花。

第2年

盆栽月季二年剪，二年轻剪留饱芽。生长季节早摘心，促其四面形成花。花盆常转花开均，常剪残花花鲜艳。

日常修剪管理

内膛密挤交叉枝

月季植株生长旺，内膛密挤不透光。枝叶交叉互影响。剪除内膛交叉枝，枝条均匀透光好，通风透光高质量。

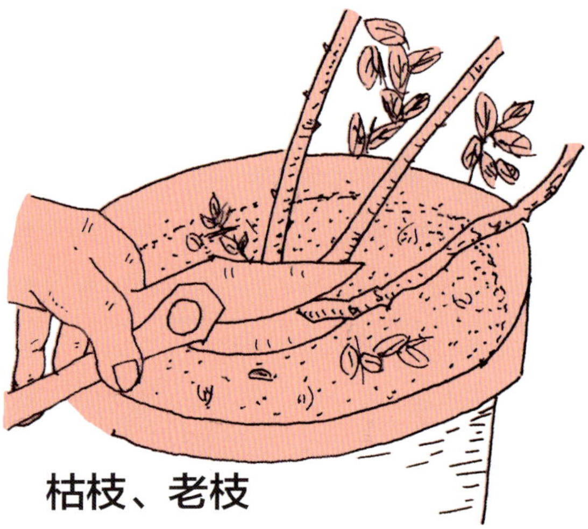

枯枝、老枝

多年生长月季花，顶端优势特别强。花枝基部出枯枝，头重脚轻衰老样。枯枝老枝不开花，影响美观早剪除。

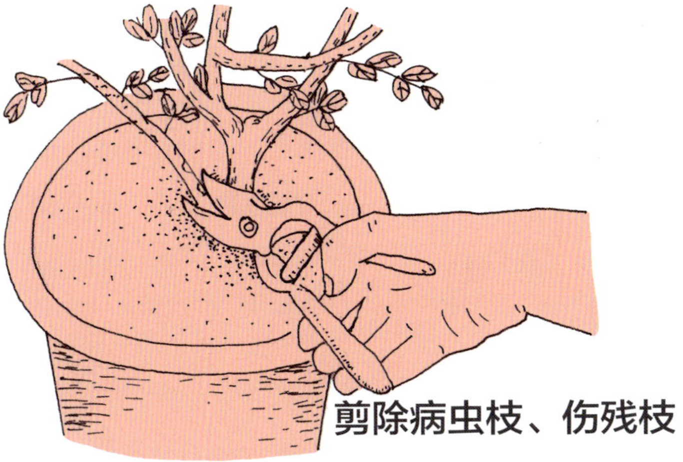

剪除病虫枝、伤残枝

月季建园时间长，病虫危害受影响。花叶残缺枝枯黄，污染环境碍观赏。减少病源灭虫害，病虫伤残枝剪光。

控制生长引导方向

月季生长比较旺，生长偏斜要调正。无枝空处找饱芽，饱芽下年出枝壮。壮枝萌发再摘心，秋季九月形成花。

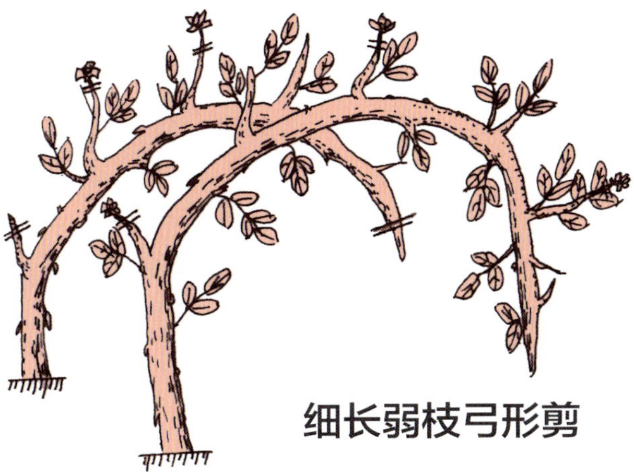

细长弱枝弓形剪

爬蔓月季枝蔓长，枝蔓太长较细弱。枝条细弱不开花，引导弱枝可变强。细长弱枝弯弓形，促使弯曲长新枝。弯曲新枝比较旺，剪去弱枝留新枝。

控制开花量和时间

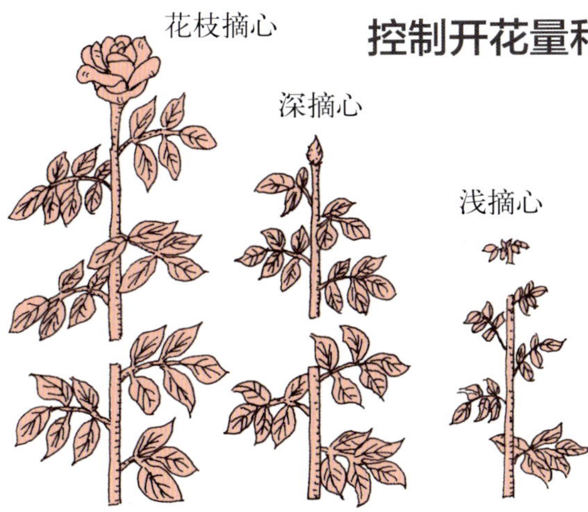

月季开花分两期，初夏开花和秋季。若用修剪来控制，可使开花期错开。摘除过密的花蕾，使花均匀花色艳。花期间隔要均匀，控制数量和质量。

『奥斯汀』月季，高贵的王妃范儿

虹越花卉 | Photo provited　刘常春 | Text

“奥斯汀”这个词，相信只要对月季稍有认识的人，对它都不会陌生。

它是一个被载入史册的伟大的人名，因为它的主人，带来了一场古老月季和现代月季大融合的革命，因为这场革命，产生了众多品质稳定优异、不易退化的月季新品系。他是现代月季育种的奠基人。

它当然还是一个月季品牌名，是“英国月季”的代表。它被全世界的花友追捧着，喜爱着，它是园艺圈时尚、美丽、高贵的标签。

01 在英国“奥斯汀”月季育种公司，各种美丽造型的月季是园中最靓眼的装饰。图为‘冰山（藤）’（Icebery Clg）。

DAVID AUSTIN ROSES

01 02 | 05
03 04

01 ‘黄金庆典（Golden Celebration）’

02 ‘克莱尔奥斯汀（Claire Austin）’

03 ‘夏洛特女郎（Lady of Shalott）’

04 ‘什罗普郡一少年（A Shropshire Lad）’

05 ‘安妮公主（Princess Anne）’

香艳美丽的王妃不娇气

“奥斯汀”月季自在1983年英国切尔西花展上亮相之后，立刻受到全世界花友的追捧。其花型独特，花开时美丽壮观，花瓣极为重瓣，样子就像可爱的包心菜，花友们戏称为“包菜月季”。

“奥斯汀”月季株型饱满，能持续开花，花量大到可以开满整个植株，被誉为“开花机器”。花色极为丰富，黄色、杏色、粉色、亮粉色、红色、白色等等，几乎涵盖了世间花儿能够表现出来的所有柔媚色彩。

“香而不艳，艳而不香”是公认的鲜花定律，但这显然不合“奥斯汀”月季，“既艳且香”才是这位来自大洋彼岸的“美人”与众不同的魅惑手段。其香味如同她的花色一样丰富多样，宜人的水果香型、古典的月季香型、没药香型、香水及麝香香型等，浓淡不一，或清新，或浓烈，俨然是大自然身手不凡的调香大师，满足着人类苛刻的不同需求。有的“奥斯汀”月季品种甚至会变换着香味类型来“讨好”人类，如‘黄金庆典’，上午还飘散着清新的茶香味、中午就成了水果香味，晚上则弥散出甜酒的味道，生怕被人类厌弃似的不停地变着花样。

“奥斯汀”月季的应用形式非常多样，这正迎合了月季发烧友对新奇的追求。很多品种亦是既可做灌木，亦可做藤本，并且藤本的“奥斯汀”月季可以整株开花，视觉效果颇佳。作为盆栽植物应用，“奥斯汀”月季的表现也相当优秀，这对于种植空间有限，并且喜欢月季的爱好者来说是难能可贵的。

难得的是，“奥斯汀”并不因为具有上面优势而娇气，它们生长健壮，具有良好的适应性，家庭种植打理起来非常容易。

“大卫·奥斯汀”月季育种公司内，到处是各种各样月季样本，朴实自然的建筑样式亦是“奥斯汀”文化组成中的一部分。

01	02	
03		04

01 异彩纷呈的“奥斯汀”月季，花型花色华丽多样，盆栽效果也是异常出众，如图中的‘亚历山德拉公主（Princess Alexandra of Kent）。

02 “奥斯汀”月季拥有象征身份的专属花盆，根据不同品种，整齐有序地摆放在公司的展示区，非常利于游客的观赏和工作人员的管理。

03 “大卫·奥斯汀”月季育种公司美丽的花园小景。

04 “大卫·奥斯汀”月季花园里的月季浮雕，古朴美丽，仿佛沉淀着悠悠岁月。

“奥斯汀”的前世今生

1867年是月季育种历史上值得关注的一年。这一年，世界上第一个杂交茶香月季‘法兰西’（La France)在法国培育成功，该品种一改往日欧洲蔷薇属植物的沉闷乏味，陡然展现出新鲜亮丽的色彩，并能持续开花。从此，蔷薇属植物家族再也不像以前那样单一了。从这一年起，新培育出的月季品种被称为“现代月季”，而此前所存在或培育的则称为“古典月季”。现代月季主要由欧洲及美国育种工作者培育而成，早期育种工作主要集中在花型和花色上，后来更多地着眼于提高植株的适应性、耐寒性及抗病性。

1961年，英国的一位月季工作者将古典月季的华丽花型、极芳香的特性与现代月季的可重复开花、花色丰富的特性融合在一起培育出了月季新品种‘风采连连看’（Constance Spry），其完美的优异表现引来了无数称赞。自此，他便投身于更多优秀月季品种的培育工作中，这个志向再也没有改变过，他就是英国的大卫·奥斯汀（David C.H Austin）先生。

1983年，奥斯汀先生培育的月季在英国切尔西花展上展出，赢得了轰动的效果，这使曾在月季育种道路上遇到过财政危机的奥斯汀先生倍感欣慰，他所培育的月季也被人们亲切地称为“奥斯汀月季”或“英国月季”。其实“英国月季”还包含了英国其他育种家们培育的月季品种，但是因为首先有了“奥斯汀月季”的流行，人们才逐渐将英国这块土地上培育出的月季放在了重要的位置，从而有了“英国月季”的说法。而一提到“英国月季”，人们首先想到的必然是“奥斯汀月季”。

一不小心，就建了一座世外桃源

——记无锡多多花园

赵芳儿｜Intervien & Text
多多花园｜Photo provited

池塘的一侧是月季盛开的篱笆，赏花戏水，享受最纯粹的花园时光。

坐标：江苏无锡

花园主人：@多多花园

面积：2亩有余

花园年龄：6岁

花园特色：100多个品种的月季，外加满园的其他花草。还有池塘、鱼儿、秋千、摇椅……

城市里的世外桃源，不外如是。

因为家里的宝贝名叫“多多”，所以多爸多妈给花园起名“多多花园”。

“多多花园”在无锡安镇，离无锡市约20多公里，到安镇然后打听益盛农庄，经过农庄大门向里300来米，会看到一个鲜花盛开，景致完全不同于周边的世外桃源般的地方，就到了。

说是世外桃源，是因为这里远离都市的喧嚣，依山傍水，静谧而又幽远。与一般的私家花园相比，这个花园实在是大得有些“奢侈”，占地两亩有余。院子是方方正正的格局，四周都用篱笆围了起来。春天，各种月季爬满了整个篱笆，形成一圈茂盛的花墙。用竹子做成的大门轻掩着，上面的凌霄长势仿佛不久后就会要将屋顶、飞檐都淹没。推门而入，一条石板路将人引向花园深处，石径两旁是各种月季、铁线莲和绣球花。

花园也以石径为界，分为两大主要观赏区。左侧是用爬藤月季设计的花门，穿过去便是休闲区，有石榴树、山茶树以及各种花草，每隔一段距离，就设置有不同材质和风格的桌椅，累了可以坐下来休憩，真可谓移步换景。在这里，可以举办烧烤、品茶等各种主题的party。与月季花拱门相对应的花园右侧是一个铁线莲花门，走进去，一条石径，一块草坪，一把秋千摇椅，一张休闲躺椅……在这里可以悠闲自得地荡着秋千，或靠着躺椅上欣赏花园四季美景，倾听花开花落的声音。花园的正中则是一个池塘，池塘里有鱼、有虾、有睡莲、有喷泉，池塘边上还有一个爬满葡萄的长廊……夏天的时候，这里是孩子的乐园，抓鱼垂钓、看蜗牛一步一步爬上葡萄架……多么幸福的童年时光。

院子里的植物非常多，当然，月季是当仁不让的主角。“我们把院子里阳光好的地方，都让给了月季”，男主人“多爸”说。确实，篱笆上全部爬满了月季，月季花拱门，树状月季，种在花篮里悬挂起来的月季，院子里真是无处不月季。多爸还介绍，如今院子里的月季大约有100多个品种，英国奥斯汀系列是主打，‘欢笑格鲁吉亚’、‘朝圣者’‘龙沙宝石’‘爱弗玫瑰’‘莫里斯’‘海格瑞’‘亚伯’等等。4~5月正值月季花季，这里像是月季的海洋，红的白的、紫的黄的……名符其实的玫瑰花园。除了月季，花园里还有蔷薇、铁线莲、绣球以及很多很多种其他的灌木、草本植物。它们是月季花的后备军，让院子一年四季花开不断。

“其实，当时没想过花园会发展成现在这个样子，种花的初衷是为了给退休的父母找点事儿做”，看着我们无比羡慕的神情，多爸谦虚地说。多爸一家三口住在无锡市

01 因为家里的宝贝名叫“多多”，所以多爸多妈给花园起名“多多花园”。图为多多和多爸多妈。

02 花园以石径为界，分为两大主要观赏区。石径尽头有池塘。花儿开，鱼儿游，青蛙鸣……引人入胜。

区，现在的花园是祖宅所在地，当时也拿不定主意，到底该种些什么花好呢，上网搜索发现花友们晒的“欧月”，所以就买了一些回家种下，结果便一发不可收拾，种的月季品种越来越多，花园也越来越漂亮，很多花友都慕名而来参观。今年来花园参观的就有上万人。

有了这个花园，全家人的生活变得更加充实，多多爸是典型的工科男，性格偏内向，但自从开始捯饬花园，性格也变得开朗起来。一家人经常邀请朋友到园中游玩，今年还组织朋友们在园中举办了花艺活动，他们现场剪来鲜花，各自展示自己的花艺，快乐和幸福也随之在花园流淌。花园也成了宝贝多多的乐园和第二课堂，才上三年级，就认识了很多植物，在写作文时，什么花什么时候开，开多久，都能写得非常详细，让同学非常羡慕。

“在我心里，花园应该是丰富多彩、充满生机的农家花园，有花果、有鸡鸭、有鱼虾……”这是多爸心目中的理想花园。所以，花园的一草一木，一砖一瓦，都是一家人亲自打理。这样的花园，相较那些全部交给设计师和园丁的花园，更加具有生活的气息。“摄影、下午茶、音乐会……今后都可以在花园里举办各种活动。自己和家人能够拥有这样一个美丽、舒适的生活环境让我觉得很温馨，也很实在。我觉得自己的生活都是充满生机的”，多爸说。这就是花园的魅力所在，它的美，更多的是主人对它的寄托，是打理花园的过程。花园的发展没有尽头，它会完全按照主人的想法在每年呈现不一样的状态，生生不息。

01	02 03
	04 05

01 除了月季，花园中的铁线莲也是相当有看头。

02 藤本月季的盆栽造型。

03 多姿多彩的花篱笆。

04 高大树木茎杆也因为藤本月季变得立体丰富。

05 花园篱笆上的小风景。

Q：是什么样的机缘巧合，让你“一不小心”就建了这个美丽的月季园？

A：确实在建设花园时没有想到会发展成这样，当初是因为父母退休，给他们找点事情做，于是就将自己老家的自留地围起来，在四周的围栏种了月季，没想到后来越种越多，慢慢就发展到今天这样子。

Q：其实花的种类很多的，为什么会想到种月季？

A：第一是我们种月季的那阵，“奥斯汀”系列月季正好流行，我从网上看到后觉得非常漂亮，很喜欢；第二是因为月季的品种非常多，每个品种都能带给人不一样的感受，不像那些市场化程度较低的花卉种类，总共就几个品种，种完之后就失去新鲜感了。除了月季，铁线莲、绣球花这两种花也是品种非常多，我也很喜欢。

Q：占地几亩，这么大的花园，有请设计师来设计吗？

A：没有找设计师，都是自己和家人规划和打理的。之前自己看了一些造园的书籍，也上网查一些资料，边学习边实践。其实我们也不着急一下子想把它变得很完美，每年拾掇一点点，每年都在变化。但刚开始大的框架是规划好了的，比如园路、池塘等，去年重点设计了几个休闲的区域，今年还会继续做一些小景点。

我们很享受花园建设的过程，可以买自己喜欢的植物来种，而设计师规划的花园植物都是他们已经种好的，就没有自己动手的乐趣了。

Q：建这个花园也需要投入不少吧？

A：对，我们投入了很多精力，一般周末我们一家三口都会开车回家，设计打理花园。当然，也花不少钱，特别的前期基建的部分花费较多，然后就是买植物的费用。虽然看起来具体到每一年的投入并不太高，但这么多年算起来，也投入小几十万元了。

Q：虽然付出很多，花园生活对你们的改变应该也很多？

A：是的，我们一家人都收获很多。我自己是学工科的，在一家外企做技术工

01 盆栽的铁线莲参差错落地摆放，与月季树相得益彰。

02 爬满篱笆的月季。

03 瓶瓶罐罐也是风景。

04

01 02 03

01、02 除了地栽的花草树木，各种盆栽、组合也随所可见。它们丰富了花园的景观层次。

03 除了常规的月季栽培形式、花园里还引种了不少树状月季。

04 园路两侧是各种应季花草，丰富灿漫。

作，性格比较内向，与人交流不多。自从开始建花园后，我结识了很多志同道合的朋友，花园里也会经常有朋友聚会，特别开心充实。儿子多多也是从花园中学会了很多，花儿什么时候开，认识植物等等，这些都是在城里难得学到的。

Q：听说花园去年春天来参观的人特别多，会不会因为人太多也有些小困扰？

A：是的，现在信息传播得很快，每年来参观的人都在增加。去年春天来参观的人估计上万人次，我们很高兴，但是也会有困扰。主要是人太多，对花园的破坏性非常大，有的为了拍照不顾是否踩到了花草，结果很多花都被踩死了。还有就是垃圾遍地，收拾起来很累。

我们正在考虑也像国外的花园一样，来参观的朋友先提前预约。其实来参观的人中很多都是来看热闹的，真正喜欢花的人都会非常爱惜花草，相信他们不会因为要预约而觉得麻烦。

Q：花园以后怎么发展，现在有计划吗？

A：是，每年都有些新的打算。因为人比较多，餐饮等其他配套都跟不上，今年想努力来改善一下。另外，还想在花园旁边再开发一块园地，再建一个新花园。新花园除了像现在的这个园子一样具有观赏性之外，还准备规划一块苗圃，如果花友觉得哪种月季漂亮，就能直接买回家。而现在的这个花园更多是作为自己的私家花园来使用。

花园主人分享

1. 月季病虫害防治

江南地区月季病虫害比较多，所以用药非常关键。春天发芽之前要喷1~2次石硫合剂，春天新叶萌发后要喷吡虫啉1~2次来防止蚜虫；如果出现白粉病，需要喷洒翠贝、意莎宝等农药来防治。花季过后最多的就是黑斑病，一般要在连续雨季过后喷杜邦福星来预防。不通风的地方还会有红蜘蛛，一般用爱卡螨和金满枝来防治。

2. 月季的修剪

掌握好修剪的时间和修剪的方式。第一，平时及时剪去残花，把细弱的枝条也要及时清理去。第二，在冬天，藤本月季弱剪，直立月季强剪。

3. 月季的施肥

春天在生长期可施些氮肥，花季后施复合肥，冬天在树根周围埋鸡粪、鱼肠等有机肥。

4. 因地制宜种植物

花园里种植植物，首先要了解植物习性。月季喜阳，所以花园阳光充足的地方都留给了月季，而玉簪喜阴，种在树荫下就长得很好，绣球应该种在半阴的地方。只要依照植物本来的习性，花园里的植物都会长得很好。

5. 花园土壤的改良

花园一定要保证土壤疏松通气，没有栽培过的土地需要添加泥炭土、椰块、有机肥来疏松土壤。有机肥可以用残枝落叶来堆置。

月季花瓣上的法国『印象派』

虹越花卉 | Text & Photo provited

法国戴尔巴德（Georges Delbard）月季公司培育的“画家系列”月季（Delbard Painter’s Collection），被称为月季中的另类。每个品种都有非常艺术的花纹和艳丽的撞色搭配。就像印象派绘画作品一样，不同的色彩随意洒在每一片花瓣上，再配上繁复的花瓣和硕大的花型，使得整个花朵非常的雍容华丽！

法国世界知名月季育种公司戴尔巴德（Georges Delbard）月季公司培育的“画家系列”如同月季界的另类，就像印象派画家在月季花瓣上用画笔画出的一个个神奇的图案。那或细、或粗、或溅的彩斑泼洒于月季的花瓣之上，整个花朵似披上了彩衣。这类月季会为你的庭院增色，更能吸引人们的眼球。

而对于月季育种家来说，条纹月季的培育很难，所以一旦有漂亮的条纹月季出现，这绝对是对育种家辛勤劳动的褒奖。 画家系列月季的队伍一直在不断增加，目前共有11个月季品种，这些品种都以法国知名“印象派”画家的名字来命名，来吧，一起欣赏几种！

1.‘克劳德·莫奈’（Claude Monet）

2012年培育，是“画家系列”中最著名的品种，拥有柔粉色、黄色和奶油色的镶嵌花纹。正如著名印象派画家莫奈的绘画作品，再加上重复开花的特性和强健的抗性，该品种一度成为最受欢迎的月季品种，既可以单独种植又可以和其他植物搭配，拥有清新水果芳香，漂亮的花朵也是瓶插的好材料，完全可以为您的家居生活增添无限的法式艺术气息！

2.‘亨利·马蒂斯’（Henri Matisse）

1993年培育，它的花瓣为红色，带淡粉色和白色条纹，拥有温和的树莓和玫瑰香味，重瓣且花大，平均花径约10厘米，由杯状到平状绽放，多季节重复性开花。该品种不仅生长速度快，而且非常抗病。亨利•马蒂斯是法国著名画家，他所创办的野兽派画法讲究大胆的色彩、简练的造型、和谐一致的构图以及强烈的装饰性。

3.‘保罗 · 高更’(Paul Gauguin)

1992年培育，浅黄色的花瓣上有着橙色和珊瑚色条纹，非常靓丽迷人。重瓣且花大，多季节重复性开花，非常抗病 。保罗•高更是法国后印象派画家、雕塑家、陶艺家及版画家，与塞尚、梵高合称后印象派三杰。他的画作充满大胆的色彩，在技法上采用色彩平涂，注重和谐而不强调对比。

为什么这些月季都以法国印象派知名画家命名？现在你一定恍然大悟吧！印象派绘画是西方绘画史上划时代的艺术流派，这个流派的画家更追求色彩的表现，这些画家们将色彩规律运用到绘画里，“色彩学”也就应运而生。看这些月季花瓣上自由泼洒的色块、渐变的色泽，真的是颇具有艺术感！而且，由于受到土壤、光照、气温等因素的影响，同一株上的不同花朵开放时色彩上都会有所差别。条纹宽窄有差别，多少有差别，色彩深浅也有差别……这都使得条纹月季具有难得的观赏性！

除以上品种以外，戴尔巴德公司培育的“画家系列”月季品种还有：‘莫里斯·尤特里罗’（Maurice Utrillo）、‘格里马尔迪’（Grimaldi）、‘阿尔弗莱德·西斯莱’（Alfred Sisley）、‘埃德加·德加’（Edgar Degas）、‘阿尔弗莱德·西斯莱’（Alfred Sisley ）、‘卡米耶·毕沙罗’（Camille Pissarro）、‘保罗·塞尚’（Paul Cézanne）、‘盖伊·萨沃伊’（ Guy Savoy）。现在大部分品种都已经由浙江虹越花卉股份有限公司引进中国市场。

玫瑰、月季、蔷薇傻傻分不清，怎么办？

赵梦欣 | Text
玛格丽特 | Photo provited

和朋友逛花市，突然听到她惊呼："哇，你看，好多漂亮的玫瑰呀……"我顺着她手指的方向望过去，红的、白的、粉的、复色的……真的很漂亮，只是，那些真的不是玫瑰，而是切花月季。

其实市场上被我们称之为"玫瑰"的鲜花，基本上都是月季。也不怪我那位朋友傻傻分不清，玫瑰和月季，加上蔷薇，都同科同属，确实有很多相像的地方，非专业人士实难分辨。

1 看枝条

玫瑰的茎秆直立、粗壮，绒毛般密布有很多小刺，刺无钩；月季的茎秆也直立，相对玫瑰细一些，茎秆有刺、较大、有钩，分布较稀；蔷薇枝条是蔓性的，可以顺着墙壁或其他物体往上攀援，刺与月季相似。

2 看叶片

玫瑰、月季、蔷薇的叶片都为复叶（一片大叶上有很多小叶），月季的小叶一般为3~5片，光滑而且平展；蔷薇的小叶一般为5~9片，平展但有柔毛；玫瑰小叶也为5~9片，但叶片有皱纹、不平展，背面还有小刺、发白，叶片也较厚，叶脉凹陷。

3 看花朵

玫瑰：玫瑰的花是单生的，也有1~3朵簇生；花瓣少，花茎较短，一年只开一次花，有浓香。花朵采摘后容易失水。

月季：一般是一支一朵，也就是单花顶生，但也有比如丰花月季、微型月季是多朵簇生的。花瓣很多，花茎很长，因此非常适宜做鲜切花。

蔷薇：蔷薇花为圆锥状伞房花序，一般6~7朵族生，生于枝条顶部，花瓣也较少，很多为单瓣的品种，每年只开一次花。

01 02 03

01 玫瑰。

02 月季。

03 蔷薇。

用容器盆栽，打造一个迷你rose花园

对于在钢筋丛林中生活的人来说，拥有一个庭院或许是一个奢侈的梦想。但这并不妨碍我们追逐花园梦想的脚步，因为我们可以在容器里种植所有植物，包括rose。

盛开的月季是花园中最美丽的观赏植物，但如果没有足够的空间，似乎很难让它们施展拳脚。幸运的是，除了大株型的月季品种，你可以在花盆里种植所有类型的月季。这样就能在阳台创建一个迷你月季小花园了。

选对月季的类型

1. 微型月季（迷你玫瑰）

微型月季是比较容易生长和打理的一类月季，是理想的阳台月季类型。现在市场上很流行的所谓的“迷你玫瑰”就是这一类月季，你可以把它们种在挂篮或者是栏杆上的花盆中。在一个阳台上，你还可以种植一种小型的藤本月季，把阳台的垂直空间利用起来。微型月季开出小的花，约2.5~5厘米大小，有红色、黄色、粉红色、白色、桃红、橙色等颜色。

2. 杂交茶香月季

如果你喜欢大花的月季，那可以考虑种植杂交茶香类月季，这类月季在国内很多花友里也被称为大花月季或香水月季。这类月季的分枝相对不算特别多，但是抽出的枝条却都长，粗壮，挺立，大部分品种枝条顶端开一朵花。杂交茶香月季的成熟株高可达1.5 ~ 1.8米。每朵花可达到直径10厘米以上。杂交茶香月季是世界上最流行的一类月季，主要就是因为它的花色艳丽丰富且花大。当然这类大型的月季还是建议露台养护，阳台族也要仔细挑选这类月季中小株型的为佳，如‘银禧庆典’（Jubilee Celebration）、‘诺瓦利斯’（Novalis）、‘艾玛汉密尔顿夫人’（Lady Emma Hamilton）。

刘常春 | Text
虹越花卉 | Photo provited

01　02 03 04

3. 丰花月季

丰花月季的花朵一般成簇地开放于枝条的顶端，虽然花朵小，但是花朵却多，视觉效果壮观且易于打理。这类月季的高度一般可达到70厘米，是小空间的种植的理想月季类型。如眼睛系列的‘万众瞩目’（Eyes for you）、‘蓝色梦想’（Blue for you）。

4. 庭院月季

庭院月季品种繁多，株型从大到小都有，多为现代月季品种，可以挑选株型饱满且生长紧凑的品种种植于小空间，这类月季用容器栽种也可以茁壮成长。

5. 树状月季

近几年流行起来的树状月季越来越受到园艺爱好者们的青睐，大家甚至亲切地称为“棒棒糖”月季，原因就是因为一棵直立的主杆可以支撑起一个月季花球。对于小空间来说，只需要挑选小株型的树状月季既可，因为嫁接时树状月季的高已经定好，所以以后并不需要担心会长得很大。有些树状月季嫁接的品种超过一种，我们通常能见到两种不同的月季品种嫁接于一棵主干上，俏皮而有趣！

01　绣球、小菊等花卉都能与月季搭配，月季花开完，绣球花就该登场了。

02　一篮筐的月季，可以挂在自行车上，也可以放在居室、庭院里，真是“百搭款”。

03　陶盆，最舒服自然的搭配。

04　铁桶月季，很欧式园的风格。

02 03

01

01 微型月季最适合打造迷你花园。

02、03 不同的盆器，不同的美丽。

依照气候选择合适的品种

月季是地球上最多样化的植物之一,全世界培育的品种已经超过了20000个，其中一些可以承受-18℃的低温，有一些月季品种适合热带地区，即使气温高达40℃，仍然开花。根据所在地区的气候, 明智地选择月季品种是成功种植月季的关键一步。还应该结合你家阳台或露台的空间，决定是想要建成一个小月季园或仅仅是种几盆月季。

选用适合的容器

种植月季的容器，一般需要中到大的尺寸，过小的容器并不适合月季的生长。株型较大的月季品种需要足够大容器，盆径和盆高至少都要达到40厘米，底部必须有大的排水孔。另一方面，株型较小的月季品种需要的容器至少也要达到盆径25 ~ 30厘米，深度30厘米。不要忽略容器的外观，如果选择了一个漂亮的容器，种植出来的整体效果会更漂亮。

在选择容器时，一定要保证容器的底部有排水孔，积水对月季来说意味着生长不良或者死亡。如果没有就自己想办法钻几个。

何时来制作小月季园

一般春季是购买和种植月季的最佳时间，可以在春季购买现成的月季盆栽苗。购买后及时把月季移栽到更大的容器内栽培即可。因为往往花园中心售卖的月季容器对月季来说已经限制了它们的生长。这种方法适合于前一年种植的老苗，如果是当年新种植的月季新苗，建议先不要换盆，因为新苗正在根系生长阶段，可以等到秋季再进行移栽。

当然，如果花园中心秋冬季也有容器月季售卖，也可以进行购买，只要种植得当，第二年春季就可以欣赏到漂亮的月季花了。

月季的越冬问题

在阳台上生长的植物的主要优点是，它们生长的环境较户外更温暖。但这不并意味着你冬季不做任何防寒措施，尤其是对于北方寒冷地区来说，更需要采取一些办法来保证花盆处于较温暖的环境，盆土上可以用有机物质覆盖，保护它们不受冷空气的影响。在冬季气温很低的时候，要把盆栽月季搬进室内。

对于热带地区正好相反，需要在夏天高温的时候更多关注，也许有些耐寒的月季品种在热带会因夏季高温而死亡，所以一定要挑选耐热的月季品种，当然高温时最好进行一些遮荫措施来保证月季安全越夏。

Tips

1. 除了北侧，你可以在任何一侧的阳台上种植月季。

2. 如果你想在南面的阳台上种植月季，保证它们不受午后阳光的直射，尤其是南方热带地区。

3. 每年在月季冬季休眠期间，或者春季到来的时候可更换容器中的土壤，或至少对上层土壤增施有机肥等。

4. 月季花朵凋谢后，要及时进行修剪，以保证侧枝的萌发和新的花蕾形成。

香山和他的月季情缘

——访露台月季种植达人香山

坐标：广东

花园主人：@种月季的香山

自我介绍：摄影师，平日喜欢旅游、阅读和养花。花草是大自然的精灵，养花是将自然的精灵搬到家里，用你的爱和细心去拥抱大自然的一种方式，在你的殷勤护理下，怒放的鲜花定能给你带来无与伦比的愉悦和满足感。

“你养花吗？”我的采访对象香山问我，

有一点窘，我回复道，“我有个小园子，但打理得不好。”面对第一次交流的养月季的达人，不好意思提及自己那点经历。

“你也玩月季啊？要不要我送你一些小苗？比较新的品种”， 感觉香山很高兴，我赶紧说，“我那不是玩，我是觉得月季好养。还是不麻烦了，我怕养不好”。想想对方空间里那些美死了的月季花，我还是觉得没信心。

“放心吧，高手身后的路上都是大片植物的尸骨的，北京最适合养月季啊，比广东适合多了。”

于是，我即将收到来自广东，很会种月季，很会拍照片的月季达人香山寄来的小月季苗。已经收到了一长串他发来的修剪养护月季的知识，当然，也即将在他的鼓励下，再努力拯救一下我的种花水平，让我的小园子更漂亮一些。

相信很多很多花友都有和我差不多的经历，一相识就得到香山好大的鼓励和支持，更喜欢上了月季，喜欢上了侍弄庭园花草。这个操着广东味普通话的香山，喜欢月季，已有七八年的养花经验，在不太适合月季生长的广东，把月季花养得有声有色，美伦美奂，成了圈里的达人。香山有一个60平方米的露台，是他的月季天地了，上上下下的花朵，成就了一个美丽的月季园，在他的镜头下，更是美得让很多花友都艳羡不已。从早先的300多个月季品种，到现在的100多个品种，香山也经历了一个因为种不下割爱的过程，现在他最偏爱英国奥斯汀公司的月季品种，因为很多是很适合花园种植的，当然，其他日本、法国的新品种也很好，他也想方设法收入囊中了。

说起养月季，香山有一肚子经验，“其实广东并不适合养月季，病虫害的问题就很头痛”，月季最常生的红蜘蛛，在北方可以被冬季的低温冻死，可是广东就不行了，虽

Helen | Interview & Text
香山 | Photo provited

然有很多养月季的书，但大多数都是讲北方地区的月季养护。所以，为了对付它们香山花了不少心力，终于找到了适合的办法。不同品种的月季脾气也不同，有喜光的，也有喜半阴的，各种摸索，各种交流尝试，让香山的养花经历十分丰富。与花友问问答答，发图发讲解，成了香山生活中的一大部分。

对于像我这样的新手花友，香山的建议是勇敢尝试，多交流。可以从丰花月季着手，法国梅郎公司的品种就不错，很多在绿化带上都能种，抗病性好，也易开花，很容易培养信心。大家都比较喜欢的藤本月季，颜值很好，但也很难打理，如果想要拥有，一定要多了解，慢慢来。

“为什么喜欢月季呢？”我问他。

香山没有直接回答，几天之后，他随着图片发来了一篇文字，读完，我才知道，原来那满露台的月季背后，藏着一个童年的故事，一份久远而瑰丽的情怀——一个性格孤僻的老头将原本塌陷破败的平房废墟变成一个四季花儿不断的月季园，一对青涩烂漫的少男少女偷偷地溜进院子，成为这个花园的第一批访客，男孩为女孩摘花，女孩为男孩包扎被月季刺扎伤的伤口，那一刻彩霞满天，懵懂纯真的爱在这个花园里滋生蔓延，月季花在夕阳下流光溢彩……

走进香山的空间里，花容明艳，叶色晶莹，几乎能闻到芳香。每天与这样的花朵相对，背后是无数的心血和智慧吧！空间里每每留言多多，点赞者众，应是一片爱花助人之心带来的八方好友吧！想想那几支正在路上的小花苗，我觉得月季花前所未有的美好了。

01

01 ‘自由精神’

达人经验分享

我们购买的月季主要是裸根苗、盆栽苗两种包装，下面说一下裸根苗、盆栽苗与种植介质配置的要领。

盆栽苗的种植方案

现在主流的盆栽月季苗是以小苗为主，也就是俗称的“牙签苗”，这类小苗多为半年或一年生的扦插苗，根系为弱小的不定根，种植方案与裸根大苗刚好相反，就是种植介质（或泥土）必须保持疏松，不可用力压紧，这才有利于根系向外伸展。

如果收到的苗盆土不松散，根系有完全裸露在空气中或无脱水皱缩现象，种下后即可以搬到阳光直射处正常管理。这样有利于加快光合作用，让苗适应新环境，否则仍然需要在避阳光直射处缓苗一周方才正常管理。

种下小苗后，需要浇一次定根水。

Tips

盆栽苗收到后不要急着换盆，先浇一次透水后，让苗在原盆里继续生长一周或半个月后再入盆，更能减少缓苗失败的机率，期间可以正常管理，不需要刻意避光缓苗。

01 攀爬在花架子上的‘自由精神’。

02 ‘韦基伍得’

‘欢笑格鲁吉亚’

裸根苗的种植方案

裸根苗通常为1~2年龄的大苗，为了方便邮寄，花商会将全部泥土清洗干净，只保留部分主根，种植裸根苗时，无论盆栽还是地栽，必须注意一边填土，一边轻轻将苗抽动（或将盆不停轻轻晃动），让泥土尽量紧贴根系，通过泥土与根系表面的物理交换吸收足够的水份才能促使新根萌发，倘若根系与泥土出现太多的空隙，导致植株吸收水份不足，会出现缓苗失败，植株干枯发黑的情况，泥土的高度保持原来植株的深度即可（根颈处有明显的色差，这个色差就是原来的泥土高度界位），如果埋得太浅，泥土表层蒸发快，植株容易脱水；倘若埋得过深，根系四周的泥土与空气交换困难，不利于后期生长。

植株种下后，必须要浇透水，这叫定根水，大量的水可以将细小的泥土或种植介质冲到深处，填充根系细小空隙，令贴合更理想。

刚种下的裸根苗要避免直射阳光或热干风，最好放置在湿润阴凉的树荫下或避阳避风处，炎热干燥的季节可用个保鲜袋喷湿内部后，将苗大部分枝条包住，直至看到新芽萌动才解开（不要担心会闷坏植株，在无叶子的情况下，植物的呼吸需求非常微弱），当新芽萌发后，月季即可进入正常光照管理。

Tips

收到苗后，先将苗的根部泡到水里，浸到根颈为止，泡水约半小时（不可超过2小时），这样对促根更有帮助，但不要画蛇添足地加入任何杀菌剂或生根粉，这样做容易引起反效果。

01 ‘帕特奥斯汀’

02 ‘真宙’

03 ‘欢笑格鲁吉亚’

04 ‘遗产’

05 ‘帕特奥斯汀’

配土常识

月季与大部份植物一样喜爱疏松透气和多腐殖质的种植环境，要想植物健壮、多花、抗病，必须注意种植介质的配制，常见月季适宜的种植介质如下。

泥炭：这是最优秀的种植材料，由天然植物在大自然的无氧高压环境下形成 。泥炭除了提供植物生长的基本营养外，还能在降解过程中分解出腐殖酸，腐殖酸有利于土壤团粒化，团粒化的土壤最有利植物根系发育和生长。但由于泥炭是不可再生的自然产物，近年来有被椰糠替代的趋势。

椰糠：种植介质的后起之秀，由椰子外壳粉碎而成，使用椰糠除了起到泥炭种植的效果外，椰糠的价格更低廉。

珍珠岩：由岩石高温高压膨化加工而成，质地很轻，多孔隙结构，完全不吸收水分，掺入种植介质中使用，它能为根系提供少量的氧气，并令土壤保持长期疏松不板结。

蛭石：也是岩石膨化产物，为多孔隙结构，与珍珠岩刚好相反，它具备比较强的吸水能力，吸收水分后变重，在无土种植时掺入蛭石，主要起固定根系的作用（家庭种植可以用一般的泥土替代）。

塘泥：最常用的廉价种植介质，由鱼塘或湖泊底部的泥土晒干而成，含有少量的高效有机肥和微量元素，能提供植株短期内生长需要，但会因为受平日浇水冲刷而崩解成为碎粉状，倘若单一使用，通常一段时间后就会出现泥土板结，植株因根系呼吸不畅而老化涝死的情况，需要每年换盆保证泥土新鲜透气。

经过多年摸索，我总结出最理想的配土介质是使用椰糠、泥炭、珍珠岩及塘泥混合配比，分别是椰糠4份，泥炭2份，塘泥3份，珍珠岩1份，然后将这些材料充分混合搅拌，这个配比不但能提供植株前期需要的各种营养，而且能诱导根系快速伸展发育，以达到植株健壮，抗病力好和花多色艳的效果。

世界著名月季园，不止是好看

孟庆海 | Text & Photo provited

世界月季月季联合会（World Federation of Rose Societies, WFRS）于1995年开始评选世界优秀月季园，并给予颁奖。此评活动每3年进行1次，到目前为止，共评出35个世界优秀月季园(Garden of Excellence)。它们无论从观赏的角度，还是从历史、教育的角度来看，都非常有借鉴意义。今天，我们跟着孟庆海老师，走进其中的三个。

走进瓦尔德马恩（du Val-de-Marne）月季园，就能看到震撼的拱门隧道

01 镂空的巨型铁艺亭廊，是园中的主景，上面爬满了藤本月季。

02 园中的月季树。

03 杜瓦勒德马恩月季园内，有成片地栽、花架、月季树等多种应用形式。

04 藤本月季顺着拱门一根根有序地牵引向上。

在多年从事月季研究工作的过程中，我有幸参观过世界上多个著名的月季园。每到一处，都期待能待得久一点，甚至几天都舍不得离开。这些月季园向大家展示它们的美，但其丰富的内涵只有慢慢地去看、去品才能真正地体会和理解。今天，我给大家介绍三个这样的著名月季园，它们是月季专类园的模板。

法国　杜瓦勒德马恩月季专类园

杜瓦勒德马恩（du val-de-Marne）月季专类园位于法国巴黎郊区一处坡地的顶部，至今已有120多年的历史。1995年被世界月季联合会评为“世界优秀月季园”。整个园区按照规则的几何图形设计，由13个小型花园组成，形成园中套园、景中有景的典型的法式园林景观。

园内现有月季2900余种，占地面积约11100平方米，周围古树参天，绿草茵茵。每年的6月初，是其一年中最美丽最灿烂的季节。

园内的景观设计充分体现了法国浪漫主义情怀。主景为一巨大的镂空铁艺亭廊，上面爬满了藤本月季。花廊中部为一尊裸体女神石雕像，对面是一座长方形、边缘略成弧形的水池，四周是花团锦簇的粉色月季，外围有碎石甬路，花廊、花柱、月季树等月季运用形式让园子显得丰富而立体。而一个由若干拱门组成的月季隧道，走进去如同时光穿梭一般。

该园虽然建于坡顶，但设计上前不挡后，高不遮矮，错落有致。虽然月季品种不是最全的，但说它是整个欧洲最美的月季园，应该不会有人反对。

铁艺华亭两侧的铁艺廊架，被藤本月季覆盖，花开季节，尤为震撼。

01

02

01 日本岐阜花节纪念公园一景。

02 德国桑格豪森月季园内景。

日本　岐阜花节纪念公园

日本岐阜花节纪念公园位于岐阜县毛可儿市，是一处以月季为主要植材的月季专类园。园区种植各种月季7000余种，共6万余株，由芳香月季园、国际月季园、皇家月季园等14个主题园构成。品种之多堪称亚洲第一、世界第二。2003年被世界月季联合会评为世界优秀月季园。

该园四周群山连绵，云雾缭绕，风光旖旎。园内的月季种植大致呈现两种不同的设计风格。一是依自然地形地貌，随高就低，随弯取直的自然式种植；二是在平坦的地段中规中矩地种植，中间配以甬道、喷泉溪流等水景、凉亭、草坪，观光走廊、温室等园林元素和设施，还有其他一些乔灌木，移步换景，非常美丽。

月季分门别类种植，缤纷而不杂乱。2006年世界月季大会在日本召开，这里是主要的展览地。

德国　桑格豪森欧洲月季专类园

桑格豪森欧洲月季专类园位于德国中东部地区，已有110余年历史，占地12.5公顷，是世界上面积最大的月季园。二战后期遭到重创，后经修复获得重生。该园建于丘陵顶部，月季盛开的季节，站在园区中央，远方丘陵连绵不绝，麦浪森林，满目葱郁，令人神往。

园内目前种植月季8300余种，共75000余株。为全球月季品种最多的月季园，拥有很多独家的月季新品、名品。它是世界蔷薇科植物的种植资源库，且分区栽植，形成园中园的格局。

这座被称为玫瑰帝国的月季专类园，多年前就被载入吉尼斯世界纪录。曲折的小径、宽阔的草坪，葱茏的树木，沁人的馨香与各种月季构成该园最迷人的风景。每年5月底至7月初，世界游客聚集在此，参加这里举办的“玫瑰花节”、“千烛夜”，以及音乐会等多种活动，是真正的欢乐海洋。

探访花盛顿Rose花园

玛格丽特 | Text & Photo provited

『花盛顿花园』既是一个美丽的Rose花园，也是一个经营rose的品牌。女主人将欧美园艺企业优秀的管理经验带回园，再与中国本土的种植商合作，创建了『花盛顿』，并形成了新颖的管理模式。花园如今集观赏、销售、承接工程，以及花友活动为一体。

作者介绍

玛格丽特，原名颜碧玉，毕业于南京大学国际贸易专业。2003年开始接触园艺，以网名“玛格丽特”活跃在各大园艺论坛上。

微博上的自我介绍：狂热的园艺爱好者，喜欢摄影、旅游，梦想是“走遍世界每一个角落。”

国内多 家园艺报刊及杂志的撰稿及专栏作者，创办了《花也》园艺电子刊。

新浪微博：@玛格丽特－颜

新浪博客：玛格丽特的博客

好几年前就知道“花盛顿”了，好友Newcici院子里开得让人无限口水的那些月季很多都是从花盛顿买来的。也去过他们新桥的店，各种美丽盛开的月季，女主人如数家珍地告诉你品种，它的特性、香味。那时候院子里通风不够好，总是头疼月季的病害。

上海第一届家庭园艺节花展策划的时候才第一次正式认识花盛顿的老板黄丽丽，说话特别柔和，让人联想到有些月季的清幽雅致。和花草打交道多了，人也会更加美丽自然。她说去年年底刚在松江的一个别墅区租了个带大院子的房子，要布置成玫瑰之家，也邀请我去看看。终于花展结束，找了个机会便冲过去了。已是五月末，月季过了最美的季节， 但是在花盛顿，还是见到了不少正在盛开的月季。

院子非常大，前后加起来有将近2亩地。玫瑰园还在建设中，暂时性的在草坪的边上布置了一些。销售的月季全部摆在前面的院子里，每个品种分类摆放，品种的名称和介绍在牌子上清晰可见。围着中间的一棵巨大的香樟树，工人师傅正在建树屋；还有忙着整理的、修枝的。听到我来了，丽丽飞奔着从屋子里出来，一脸的灿烂。

我一直都很钦佩把园艺当成事业来做的花友，其实现在国内的园艺市场并不完善，市场很小，多数都还是在花市上，卖些植物和园艺用品，赚些辛苦钱。丽丽也是，最初在新桥花市里开园艺店，每天在大棚里又闷又热，忙个不停。她还花很多的精力钻研月季的品种和特性，保留一部分国内优秀的老品种，从欧洲引进新月季也需要研究它的特性和地区适应性。整理、管理、销售，全部亲力亲为。几年下来，颇有些力不从心了。

01
02

01 进门后花盛顿花园一角的风景。

02 花盛顿花园大门，上面也爬满了风景。

flowers

01 随便从花园剪几枝插花，就很美。

02 桌上的餐具，摆件都很赏心悦目。

03 烘焙点心也是花盛顿推出的周边作品，味道相当不错。

看了医生，也说，太透支了，需要休息。只是有时候，为了喜欢的事情，忍不住就又忙碌了起来。或者也因为处女座，做事力求完美，会不自觉地投入太多。

说起花盛顿的来历，也比较有意思。丽丽在美国学的专业是商务管理，平时会喜欢到处玩，去各个城市的公园、玫瑰主题园等，那时候还没有成为一个园艺爱好者。一次园艺课程的选修，才让她真正开始接触了园艺，有了一些新的念头。所以从美国回来后，正巧认识了一个做园艺的朋友，有几亩地种月季，种得极好，丽丽看着也忍不住惊叹。可是经营却很老套，做了10多年，还是没什么起色。国外的园艺产业之所以发达，还因为有专业化的模式，丽丽便有了合作的念头，对方也欣然同意。

2010年，上海的“花盛顿”作为一家专门经营rose的园艺品牌，正式推出市场。只是一路走来，并不容易。从开店铺，到整理和收集月季品种，建立数据库，销售模式，说起来虽然三言两语，过程却是艰辛。在不断努力下，渐渐地越做越好，名气越来越大，到现在“花盛顿”已经成了上海月季的一个知名品牌，不仅销售月季，还专门承接玫瑰主题园的设计及施工，还逐步在外地开设了花盛顿加盟店。园艺的市场，还是需要引入现代的经营模式，迎合高品质的客户群，才能有更好的未来。而不是按老传统，只

	02 03
01	04 05

01 房的一侧，月季与其他花卉的配置，层次错落。

02 房门另一侧的景观搭配。

03、04、05 院子里盛开的月季，用最灿烂的花朵回报主人因它们流下的汗水。

是租地种花，在花市上摆摊卖花。

园艺更是一种高品质的生活方式，给人带来更自然美好的生活，是一种享受。所以现在的很多园艺卖家也加入了更多生活的元素，融入了画画、花艺、烘焙等。花盛顿现在也开始做起了烘焙，丽丽说他们全部用进口的原材料，保证最好的质量。和丽丽坐着喝茶聊天，忍不住吃了好几块，味道真是不错呢。

离开的时候，正好看到门口的一双胶鞋，是园丁刚从院子里修剪完枝条后脱下摆在那里的。上面粘满了泥巴，在花丛中，却显得那么和谐美好。

其实生活就是这样，有苦有泪也会有甜美。停下脚步，便会有玫瑰绽放在心田！

David Austin欧洲月季
威廉莎士比亚 2000
特性：花呈天鹅绒深紫红
浓香无比，花瓣无数，绽放时极为壮观

一亩园地，一院花草，一个兰心蕙质的女人

玛格丽特 | Text & Photo provited

坐标：无锡

花园主人：@葳蕤兄弟

面积：600余平方米

这是无锡梅姐姐家的花园，600多平方米，真是够大的。而最让人赏心悦目的花草，是花园里的主打花卉月季。各种色彩和形态的月季，在春天怒放，把花园变成它们的主秀场，引得主人和像我这样的访客心驰神往。

01 02

01 房子栏杆外种的是‘红花’，与白色的栏杆形成鲜明的对比。

02 房子入口的台阶上用铁艺做了拱门，上面的红色藤本月季开得正欢。

梅姐姐的大花园位于无锡市，在藏花阁论坛的邻家花园已经很有名了。园子非常大，至少有600多平方米！好吧，那是我的梦想！

花园里花草非常多，最馋人的还是那些开到爆的月季，红的、黄的、紫的，爬架的、直立的、盆栽的……随我一起去看看——

先来看看院子吧！

入口处

房屋的四周都是花园。进门处靠近小区的路边，两边是茂盛的珊瑚绿篱。进入院子通过台阶，就可以直接进入屋内。台阶上是白色的栏杆，梅姐姐种上了红龙，搭配蓝色鼠尾草，很是艳丽。更往上的台阶，入口处还做了铁艺的拱门，上面爬满了红色的藤本月季，每年春天绽放。

台阶另一侧下去，有两扇铁门，过去就是主花园的位置了。中间由一个木头的拱门相连接，上面也是爬上了红色的藤本月季。

草坪区

穿过拱门，一条青石板的小路在草坪上蜿蜒，一边是皮实的美人蕉搭配着播种的矢车菊，另一边是一棵巨大的紫薇，树下则是一大丛德国鸢尾。

Tips

1. 花园种植月季一定要通风透气，尤其是欧洲月季；

2. 很多花草都可以与月季搭配，有的与月季同时盛开，有的错开花季，这样花园的景致更加立体和丰富。与之搭配的植物有鸢尾、鼠尾草、芍药、金鱼草、万寿菊、天竺葵等等。

01、02 院子临近河边，非常通风透气，难怪月季们长得这么好。

03 园路上方的拱门上，白色的木香开到火爆。

04 花园里有各种花架，也是做月季造型的好方式。

01 | 02 03 04

沿着草坪上的青石板小路，继续往花园里走，又会经过一道木头的拱门， 5月正是木香盛开的季节，白色的木香将拱门完全覆盖，成为一个名符其实的花门，拱门的立柱上，也爬上了藤本月季‘黄金庆典’。

水榭区

出了拱门便是另一番景象了，这里也是房子正对面的位置，另有台阶从客厅进入到这里。我把它称为水榭区，几个大大小小的正方形不规则地组合，又高低错落，对面还有搭配几个高大的木头廊架。这里也是主人一家活动最多的地方，临近水榭，有一套户外的桌椅。桌上摆着的是早晨新摘的月季。

从客厅出来就是水榭区域，客厅台阶往下，白色的栏杆上亦是种着鲜艳的红色藤本月季和天竺葵。一旁还有一棵大紫薇，底下各个品种的德国鸢尾是主人前两年从论坛上团购的，充足的肥料，很快便长成了这样的一大丛。

从水榭区往外便是小区的河道了，又有台阶可以往下，这里有一个白色的拱门，时间长了有点腐朽，但丝毫不影响拱门上爬着的藤本月季魔术师变幻出各种色彩。临近河边的位置，还有一个阳光房可以通往家中，门口一棵红枫很是醒目，两边的花坛则种了好多的天竺葵和月季。从阳光房再往里，便是大块的菜地，还养了很多只鸡鸭。

01 梅姐姐收集的各个品种的“奥斯汀”系列月季，包心菜样的花型非常别致优雅。

02 房旁临近河边的月季，因为通风透光，长得很欢。

花痴主人爱月季

判断一个花友是不是标准的花痴，看对某个品种有没有收集的癖好，比如梅姐姐这样，收集了大量的欧洲月季，连包心菜花型都有这么多品种，那绝对是十足月季花痴了。

梅姐姐的院子有个好处，正好靠近小区的河道边，有高大的香樟树可以遮阴，又足够通风透气，自然条件非常适宜月季的生长。再加上主人每年都会给它们充足的肥料，把它们一个个喂得饱饱的，月季长不好都难。

当然，月季们也用灿烂的笑容回报爱它们的主人。每年的春天，便是它们跟主人献殷勤的时刻，各种月季铆足了劲地向争宠。空闲时，主人剪几支插花，沏一杯清茶，捧一本好书，听花草对话，便是最幸福的时刻。

中国古代月季，月季中的活化石

欧洲的月季学者这样评价中国古代月季：『在现代月季的血液里，流淌着中国古代月季一半的血液』。这个评价不是中国人争取来的，而是历经数百年中外月季交流的结果，是实至名归。

赵芳儿 | Edit
孟庆海 | Photo provited

01 02
03 04
05 06
07 08

身边的很多花友都玩月季，而且尤爱玩 “欧月”，比如英国奥斯汀系列等。这些欧洲月季来到中国后，就像巨星一样被花友追捧，光彩夺目。可是，很少有花友知道，这些月季的祖先都是中国古代月季（也叫中国古老月季）。

中国栽培蔷薇属观赏植物的历史非常悠久，可以追溯到2000多年前的西汉，而在魏晋南北朝时，蔷薇已成为宫廷园林中的重要观赏植物。晚唐时期就有培育出花朵重瓣、花香浓郁的直立性蔷薇。至明清时期，月季栽培蔚然成风，杂交育种技术也得到发展，其花型花色出现了爆发式的增长。备受大家热捧的“包心菜”花型，其实就是中国古老月季的花型之一。

18世纪，中国月季才被引入欧洲。因为其四季不断的花期及艳丽的色彩，被迅速传播。先后进入荷兰、英国和法国，以及美国。它们与欧美本土月季、蔷薇完成一次次历史性大融合，产生了复杂多样的现代月季种群，改变并影响了世界月季格局。1867年欧洲培育出了世界上第一个杂种茶香月季“法兰西”（La France），这一品种标志着现代月季体系基本形成，为新的种群建立开辟了新的天地。

1966年，美国月季协会决定，在1867年现代月季出现以前的，包括变种和纯种在内的月季种群称为古代月季。

中国古代月季是中华民族的宝贵文化遗产，也为世界提供了宝贵的种植资源。看看威廉·鲍尔（william paul）编写的《月季花园》（The Rose Garden），就知道中国古老月季对欧美月季育种究竟起到了多大的作用：1848年印刷的第一版中记载法国玫瑰741种、大马士革玫瑰87种、西洋玫瑰76种、中国月季参与杂交种106种；而1872年出版的第三版，仅记载了法国玫瑰18种、大马士革玫瑰10种、西洋玫瑰7种，而中国月季参与杂交种猛增到538种，成为毫无争议的主流品种。

欧洲的月季学者这样评价中国古代月季：“在现代月季的血液里，流淌着中国古代月季一半的血液”。这个评价不是中国人争取来的，而是历经数百年中外月季交流的结果，是实至名归。

但是，由于多种因素的影响，中国古代月季绝大多数活体早已灰飞烟灭，保留至今的活体屈指可数，可谓弥足珍贵，堪称中国的活化石。至今，许多国外月季期刊也总将中国古代月季置于刊首介绍，各种规模的月季展览中也总能见到中国古老月季的倩影。

月月红、月月粉、春水绿波、软香红、紫红香、桔瓤、金瓯泛绿、思春、映日荷花、金粉莲、云蒸霞蔚、绿萼。

01 ‘春水绿波’　02 ‘思春’
03 ‘金瓯泛绿’　04 ‘软香红’
05 ‘桔瓤’　06 ‘金粉莲’
07 ‘云蒸霞蔚’　08 ‘映日荷花’

走进现代月季的家族

赵芳儿 | Edit
玛格丽特 | Photo provited

01 | 02 03

01 英国“奥斯汀月季”系列品种，‘龙沙宝石’。

02 月季品种‘红龙’。

03 藤本月季用来装饰墙面非常有特色。

现代月季的概念是相对于古代月季而言的。古代月季虽然栽培历史悠久，但是品种和花色均较单一。

1789年，中国特有的香水月季、玫瑰、光叶蔷薇、‘月月红’、‘月月粉’、‘彩晕香水月季’、‘黄色香水月季’等被引入欧洲，于1837年培育出杂种长春月季，之后又将其与中国香水月季杂交，在1867年获得第一个杂交香水月季‘法兰西’（’La France’），从此标志着世界月季产业进入现代月季品种时代。如今，全世界共有3万余个月季品种。

现代月季共分为5个类型。

1 杂交茶香月季（Hybird Tea Rose，简称HT）

杂交茶香月季是现代月季的主体，约占整个月季品种的1/3，共1.1万余个品种。具有时代意义的现代月季品种‘法兰西’就属此种类型。杂交茶香月季具有四季开花、色彩丰富、花量巨大、耐寒性强等诸多优势，有的品种还清香馥郁。

2 丰花月季（Florbunde Rose，简称F）

丰花月季又称聚花月季，一个枝上好几朵花，3～25朵成花束状。花单瓣或重瓣，花繁密。丰花月季由丹麦月季育种家培育而成，亲本是多花抗寒的矮灌木月季和花朵硕大的杂交茶香月季。1985年，英国培育出带有浓香的品种‘希腊之香’（Sheil’s Perfume），从此结束了丰花月季没有香味的历史。

01

02

01 微型月季‘蓝彼得’。

02 现代月季的花型极其丰富，包心菜型是如今倍受热捧的花型。

3 藤本月季（Climbing Roses，简称CL）

该月季类型又分为一年一度开花类型和一年连续开花类型，均为藤性灌木。干茎柔软细长呈藤木状或蔓状。本身不能攀缘，需人工进行搭架或绑扎，牵引向上，高可达3~4m，花朵单生，也有的聚生在一起，花型和花色多样，花期较长，有的三季开花，且成簇花开，放时散发浓香。

藤本月季应用非常广泛，非常适合做立体绿化，比如攀爬在墙面上或花架上，还能进行各种造型。

4 微型月季（Miniatures Roses，简称Mini）

微型月季植株矮小，一般只有30~40厘米。茎秆枝条细密，叶片和花朵均小，有的花茎还不到1厘米，非常小巧可爱。花色非常丰富，花型有单瓣，也有重瓣，很多品种具有香味，花期很长。

5 灌木月季

灌木月季与蔓型月季是相互含混的，两者形态上差异很小。一般来说，蔓型月季全身开花，灌木月季顶端开花。蔓型月季在往年的老枝新发的枝条上开花，灌木是在发出的壮芽上开花。